Thiago Itamar Morais

Desvendando os Segredos do Mundo da Matéria Condensada

SUMÁRIO

Introdução

Bem-vindo(a) a um universo fascinante, repleto de maravilhas e mistérios ocultos aos olhos nus. Este livro é um convite para embarcar em uma jornada de descoberta pela Física da Matéria Condensada, um campo da ciência que nos permite compreender os segredos e as propriedades extraordinárias dos materiais que nos cercam.

A matéria condensada é a forma mais abundante de matéria em nosso mundo. Ela está presente em tudo ao nosso redor: dos sólidos mais rígidos aos líquidos fluidos, dos metais condutores aos isolantes elétricos. Através do estudo desses materiais, mergulhamos no mundo microscópico, onde novas e emocionantes fronteiras da ciência estão sendo constantemente desbravadas.

O objetivo deste livro é fornecer uma visão abrangente da Física da Matéria Condensada, de forma acessível e cativante. Partindo dos fundamentos básicos, exploraremos os conceitos essenciais e as propriedades emergentes dos materiais condensados.

Desde as propriedades eletrônicas e ópticas, passando pelo magnetismo e as transições de fase, até as inovações mais recentes em materiais nanoestruturados e novos materiais, desvendaremos os segredos do mundo microscópico e suas aplicações práticas.

Ao longo deste livro, encontraremos conceitos complexos explicados de maneira clara e ilustrativa. Utilizando uma abordagem didática, cada capítulo apresentará um tópico específico, fornecendo explicações detalhadas, exemplos e aplicações relevantes.

Além disso, buscaremos conectar a teoria com a prática, destacando as aplicações da Física da Matéria Condensada em áreas como eletrônica, fotônica, medicina e energia.

Independentemente de você ser um estudante, um pesquisador ou simplesmente um entusiasta da ciência, este livro irá acompanhá-lo em uma jornada empolgante e enriquecedora. Nossa intenção é inspirar a curiosidade, despertar a paixão pelo conhecimento e estimular o pensamento crítico sobre o mundo microscópico que molda nosso cotidiano.

Portanto, convido você a abrir as páginas deste livro e embarcar conosco nessa exploração fascinante da Física da Matéria Condensada. Prepare-se para desvendar os segredos dos materiais, mergulhar em fenômenos quânticos, explorar novas fronteiras tecnológicas e, acima de tudo, maravilhar-se com a beleza e a complexidade que existem em escala microscópica. Vamos iniciar essa jornada pelo mundo da matéria condensada juntos!

A Física da Matéria Condensada é um campo científico que nasceu da necessidade de compreender e explorar as propriedades da matéria em sua forma condensada, isto é, em estados sólidos e líquidos. Ao longo dos séculos, cientistas curiosos e incansáveis mergulharam nas profundezas do mundo microscópico, revelando segredos fascinantes e lançando as bases para uma disciplina fundamental na ciência contemporânea.

A história da Física da Matéria Condensada remonta aos primórdios da humanidade, quando nossos ancestrais começaram a manipular os materiais ao seu redor para satisfazer suas necessidades básicas. No entanto, foi apenas no final do século XIX e início do século XX que os primeiros pilares dessa disciplina foram estabelecidos.

Um marco importante nessa jornada foi a descoberta do elétron por J.J. Thomson em 1897. Essa descoberta revolucionária abriu caminho para a compreensão da estrutura atômica da matéria e, posteriormente, para a compreensão dos sólidos como arranjos ordenados de átomos. A partir daí, cientistas como Max Planck, Albert Einstein e Niels Bohr desenvolveram teorias fundamentais que pavimentaram o caminho para a compreensão dos fenômenos quânticos e suas aplicações na Física da Matéria Condensada.

No início do século XX, a teoria quântica dos sólidos começou a ser formulada, fornecendo explicações para as propriedades eletrônicas e magnéticas dos materiais condensados. Os estudos sobre a estrutura cristalina e as redes reticulares também avançaram, fornecendo uma base sólida para a compreensão das propriedades emergentes dos materiais.

A Segunda Guerra Mundial desempenhou um papel importante no desenvolvimento da Física da Matéria Condensada. Com a necessidade de avançar tecnologicamente, pesquisadores se dedicaram a investigar novos materiais, semicondutores e isolantes elétricos. Esses esforços deram origem à eletrônica de estado sólido e à revolução tecnológica que testemunhamos atualmente.

Desde então, a Física da Matéria Condensada tem sido uma área de pesquisa vibrante e em constante evolução. Novos fenômenos foram descobertos, como a supercondutividade, em que a resistência elétrica desaparece em temperaturas extremamente baixas, e os materiais nanoestruturados, que exibem propriedades únicas devido à sua escala reduzida.

A importância da Física da Matéria Condensada é indiscutível. Ela fornece as bases teóricas para a compreensão dos materiais e fenômenos naturais, abrindo caminho para o desenvolvimento de tecnologias inovadoras. Através dessa disciplina, podemos projetar materiais com propriedades específicas, como alta condutividade elétrica, magnética ou térmica, e explorar novos caminhos na nanotecnologia, eletrônica avançada, energia renovável e medicina.

A Física da Matéria Condensada nos desafia a explorar os segredos da estrutura da matéria em escalas microscópicas, e nos convida a mergulhar em um mundo cheio de complexidade, beleza e aplicações práticas.

É uma área interdisciplinar que se estende desde a física fundamental até a engenharia de materiais, oferecendo uma gama infinita de possibilidades para avançarmos como sociedade.

À medida que nos aprofundamos nesta jornada pelo campo da Física da Matéria Condensada, compreendemos que ela é essencial para a nossa compreensão do mundo material e nos permite desvendar os mistérios da natureza, transformando a maneira como vivemos e interagimos com o universo microscópico que nos cerca.

Capítulo 1: Fundamentos da Física da Matéria Condensada

1.1 Definição da matéria condensada e sua distinção em sólidos e líquidos

A matéria condensada é um ramo da física que estuda as propriedades e comportamentos da matéria quando um grande número de átomos, moléculas ou partículas se agrupa e interage.

Ela abrange estados da matéria mais densos, como sólidos e líquidos, que se distinguem pelas características de organização das partículas e pela mobilidade das mesmas.

Em termos gerais, a matéria condensada refere-se a uma grande quantidade de partículas em proximidade suficiente para que as interações entre elas sejam significativas.

Nesse contexto, os sólidos e líquidos são os estados mais comuns da matéria condensada e possuem diferenças marcantes.

Estados da matéria condensada

Estado da matéria condensada	Sólidos	Líquidos

Forma	Os sólidos têm uma forma definida e mantêm sua forma mesmo quando são submetidos a forças externas.	Os líquidos não têm uma forma definida e assumem a forma do recipiente em que são colocados.
Volume	Os sólidos têm um volume definido e não se comprimem facilmente.	Os líquidos também têm um volume definido, mas podem se comprimir ligeiramente quando submetidos a altas pressões.
Arranjo de partículas	As partículas em um sólido estão organizadas em um arranjo regular e próximo, formando uma estrutura cristalina ou amorfa.	As partículas em um líquido estão mais próximas e menos organizadas do que em um sólido, permitindo que elas se movam umas em relação às outras.
Forças intermoleculares	As forças intermoleculares em um sólido são fortes, mantendo as partículas próximas umas das outras.	As forças intermoleculares em um líquido são mais fracas do que em um sólido, permitindo que as partículas se movam umas em relação às outras, mas ainda estão próximas o suficiente para manter a coesão do líquido.
Fluidez	Os sólidos são rígidos e não fluem, mantendo sua forma.	Os líquidos fluem livremente e podem se espalhar para preencher o espaço disponível.
Compressibilidade	Os sólidos têm baixa compressibilidade, ou seja, são difíceis de comprimir.	Os líquidos têm uma compressibilidade maior do que os sólidos, mas ainda são geralmente

		considerados incompressíveis na maioria das condições.
Difusão	A difusão de partículas em um sólido é muito lenta	A difusão de partículas em um líquido é mais rápida do que em um sólido, permitindo que as partículas se movam e se espalhem.
Exemplo	Exemplos de sólidos incluem metais, cristais, vidro, etc.	Exemplos de líquidos incluem água, óleo, mercúrio, etc.

Fonte: Essas são algumas diferenças gerais entre sólidos e líquidos na matéria condensada. Espero que isso ajude a fornecer uma visão abrangente das características distintas desses estados. (Autor,2023)

Os sólidos são caracterizados por uma estrutura altamente organizada, na qual as partículas se arranjam em uma configuração específica e repetitiva. Essa organização espacial regular dá origem a uma forma fixa do sólido e a uma resistência à deformação.

As partículas em um sólido estão próximas umas das outras, ligadas por forças intermoleculares ou interatômicas fortes. Como resultado, os sólidos têm uma forma definida e mantêm seu volume. Além disso, possuem uma alta densidade e são praticamente incompressíveis.

As forças intermoleculares ou interatômicas fortes desempenham um papel fundamental na física e na química da matéria. Essas forças são responsáveis pela coesão entre moléculas ou átomos em um material, mantendo-os unidos e determinando suas propriedades macroscópicas.

Uma das forças intermoleculares mais comuns e fortes é a ligação iônica. Ela ocorre entre átomos de elementos com grandes diferenças de eletronegatividade, resultando na transferência completa de elétrons. Essa transferência gera íons positivos e negativos, que são atraídos um pelo outro por forças eletrostáticas. A ligação iônica é responsável pela formação de compostos iônicos, como cloreto de sódio (sal de cozinha), e possui alta energia de ligação.

As ligações iônicas são um tipo de ligação química que ocorre entre átomos com grandes diferenças de eletronegatividade. Nesse tipo de ligação, um ou mais elétrons são transferidos de um átomo para outro, resultando na formação de íons positivos e negativos. Os íons positivos são chamados de cátions, e os íons negativos são chamados de ânions.

A transferência de elétrons ocorre porque os átomos envolvidos na ligação têm uma forte atração eletrostática. O átomo com menor eletronegatividade, geralmente um metal, perde um ou mais elétrons para o átomo com maior eletronegatividade, geralmente um não metal.

Isso ocorre porque os metais têm tendência a perder elétrons e os não metais têm tendência a ganhar elétrons para alcançar uma configuração eletrônica mais estável.

Após a transferência de elétrons, os íons resultantes são atraídos uns pelos outros por forças eletrostáticas. Essa atração forte e de longo alcance entre íons opostamente carregados é o que mantém os íons unidos na ligação iônica. Essa atração também é responsável pela formação de uma estrutura cristalina em muitos compostos iônicos.

As substâncias que possuem ligações iônicas são geralmente sólidas em condições normais de temperatura e pressão devido à forte atração entre os íons. Elas apresentam altos pontos de fusão e ebulição, além de serem geralmente solúveis em água devido à capacidade dos íons de interagir com as moléculas de água através de forças eletrostáticas.

As ligações iônicas são encontradas em uma ampla variedade de compostos, incluindo sais, como o cloreto de sódio (NaCl), o sulfato de cálcio (CaSO4) e o nitrato de potássio

(KNO3). Esses compostos são fundamentais em muitos aspectos da vida cotidiana, desde a alimentação até a indústria química.

Além disso, as ligações iônicas desempenham um papel importante na condução elétrica em soluções aquosas e em compostos iônicos fundidos, onde os íons são móveis e podem transportar carga elétrica.

No entanto, os compostos iônicos sólidos são isolantes elétricos, pois os íons estão rigidamente arranjados e não podem se mover.

As ligações iônicas resultam da transferência de elétrons entre átomos com diferentes eletronegatividades, formando íons positivos e negativos que são atraídos uns pelos outros por forças eletrostáticas.

Essas ligações são responsáveis pela formação de compostos iônicos sólidos e têm uma ampla gama de aplicações na química e na indústria.

Outra força intermolecular forte é a ligação covalente. Nesse tipo de ligação, dois átomos compartilham pares de elétrons, formando uma ligação forte entre eles. A ligação covalente é comum em moléculas compostas por átomos não metálicos e pode variar em força dependendo do número de elétrons compartilhados e da eletronegatividade dos átomos envolvidos. Exemplos de substâncias com ligações covalentes incluem a água (H2O) e o dióxido de carbono (CO2).

Além disso, existem as forças intermoleculares conhecidas como ligações de hidrogênio. Essas ligações ocorrem quando um átomo de hidrogênio é atraído por um átomo eletronegativo (como oxigênio, nitrogênio ou flúor) e forma uma ligação parcialmente covalente.

As ligações de hidrogênio são mais fracas do que0 as ligações iônicas ou covalentes, mas ainda são relativamente fortes e desempenham um papel importante em muitos fenômenos físicos e químicos. A água é um exemplo clássico de uma substância que apresenta ligações de hidrogênio.

Outras forças intermoleculares fortes incluem as forças dipolo-dipolo e as forças dipolo-induzido. As forças dipolo-dipolo ocorrem entre moléculas polares, ou seja, moléculas que têm uma distribuição desigual de carga elétrica.

Essa desigualdade cria um dipolo elétrico que interage com os dipoles de outras moléculas polares próximas. Já as forças dipolo-induzido ocorrem quando um dipolo elétrico temporário é induzido em uma molécula não polar devido à influência de um dipolo próximo. Essas forças são responsáveis, por exemplo, pela aderência de moléculas em superfícies.

As forças intermoleculares ou interatômicas fortes têm um impacto significativo nas propriedades dos materiais. Elas determinam características como ponto de fusão, ponto de ebulição, viscosidade, densidade e propriedades elétricas.

O estudo dessas forças e de suas interações é essencial para compreender as propriedades e comportamentos da matéria e para o desenvolvimento de novos materiais com propriedades desejadas.

Por outro lado, os líquidos são caracterizados por uma organização menos rígida das partículas. Elas estão próximas umas das outras, mas não em uma estrutura ordenada. As forças intermoleculares ou interatômicas nos líquidos são mais fracas do que nos sólidos, permitindo que as partículas se movam e deslizem umas sobre as outras.

Isso confere aos líquidos a capacidade de fluir e adotar a forma do recipiente que os contém. Os líquidos têm uma densidade menor do que os sólidos e podem ser comprimidos com mais facilidade.

Embora a distinção entre sólidos e líquidos seja clara em muitos casos, existem situações em que essa fronteira não é tão nítida. Alguns materiais, como os vidros, têm uma organização amorfa, sem uma estrutura cristalina definida.

Os vidros exibem propriedades intermediárias entre sólidos e líquidos, com alguma ordem de curto alcance. Além disso, há os géis, que são materiais com uma estrutura tridimensional em que partículas sólidas estão dispersas em um meio líquido.

A compreensão das distinções entre sólidos e líquidos na matéria condensada é fundamental para diversas áreas científicas e tecnológicas. Ela permite o desenvolvimento de materiais com propriedades específicas, a compreensão de fenômenos complexos, como a supercondutividade e a magnetismo, e o avanço de tecnologias em áreas como eletrônica, materiais de construção e medicina.

Em resumo, a matéria condensada engloba estados densos da matéria, sendo os sólidos e líquidos os estados mais comuns. Enquanto os sólidos possuem uma estrutura ordenada e rígida, os líquidos apresentam uma organização menos ordenada e são capazes de fluir.

Essas distinções têm um impacto significativo na compreensão e na aplicação da matéria condensada em diversas áreas científicas e tecnológicas.

1.2 Descrição das propriedades emergentes dos materiais condensados, como supercondutividade e magnetismo

Os materiais condensados são fascinantes por sua capacidade de exibir propriedades emergentes, ou seja, características que surgem de maneira coletiva a partir das interações entre suas partículas constituintes.

Essas propriedades emergentes desempenham um papel fundamental em muitos fenômenos e aplicações, como a supercondutividade e o magnetismo.

A supercondutividade é uma propriedade surpreendente que ocorre em certos materiais quando são resfriados abaixo de uma temperatura crítica específica. Nessa condição, os elétrons dentro do material podem fluir através dele sem encontrar resistência elétrica.

Isso significa que a corrente elétrica pode circular em um supercondutor sem perdas significativas de energia. A supercondutividade tem implicações revolucionárias em aplicações tecnológicas, como transmissão de energia eficiente, levitação magnética e desenvolvimento de dispositivos eletrônicos de alta velocidade.

O magnetismo é outra propriedade emergente intrigante que pode ser observada em materiais condensados. Os materiais magnéticos possuem momentos magnéticos intrínsecos, como os spins dos elétrons, que interagem entre si e dão origem a propriedades magnéticas macroscópicas.

O magnetismo pode manifestar-se de diferentes maneiras, incluindo ferromagnetismo, antiferromagnetismo e ferrimagnetismo. Essas propriedades magnéticas têm implicações importantes em várias áreas, como armazenamento de informações, dispositivos eletrônicos e medicina.

Além da supercondutividade e do magnetismo, existem outras propriedades emergentes fascinantes que podem surgir em materiais condensados.

Por exemplo, o efeito Hall quântico, onde uma diferença de potencial elétrico se desenvolve perpendicularmente a um campo magnético aplicado e à corrente elétrica, é um fenômeno peculiar observado em alguns materiais condutores em baixas temperaturas e altos campos magnéticos. Esse efeito tem sido fundamental para o desenvolvimento de sensores magnéticos altamente sensíveis e aplicações em eletrônica quântica.

Outro exemplo é o efeito fotovoltaico, que permite a conversão direta da energia da luz em eletricidade. Materiais condensados específicos, como os semicondutores, são capazes de absorver a luz e gerar pares de elétrons e lacunas, que podem ser separados e coletados como corrente elétrica. Isso desempenha um papel crucial na tecnologia fotovoltaica e na geração de energia solar.

A compreensão e o estudo dessas propriedades emergentes são fundamentais para avanços científicos e tecnológicos. Pesquisadores exploram materiais condensados para descobrir e compreender novas propriedades emergentes, bem como para desenvolver materiais com características desejadas para aplicações específicas.

A manipulação e o controle dessas propriedades emergentes têm o potencial de revolucionar áreas como eletrônica, energia, computação quântica, medicina e muito mais.

Em resumo, as propriedades emergentes dos materiais condensados, como a supercondutividade e o magnetismo, são fenômenos fascinantes que surgem das interações entre as partículas constituintes. Essas propriedades têm implicações significativas em várias áreas científicas e tecnológicas, impulsionando avanços e aplicações inovadoras na sociedade.

1.3 Discussão sobre a estrutura cristalina, redes e retículos

A estrutura cristalina, as redes e os retículos são conceitos fundamentais para a compreensão da organização dos materiais sólidos. Eles desempenham um papel crucial na determinação das propriedades físicas e químicas dos materiais, além de influenciar suas aplicações práticas.

A estrutura cristalina refere-se à organização ordenada e repetitiva dos átomos, íons ou moléculas em um sólido. Os sólidos cristalinos são compostos por um arranjo tridimensional regular de partículas, formando uma estrutura cristalina. Essa organização é resultado das interações entre as partículas, que se posicionam em locais específicos no espaço.

Para descrever essa organização espacial, utiliza-se o conceito de rede cristalina. Uma rede cristalina é uma estrutura imaginária composta por pontos no espaço, chamados de nós ou pontos da rede. Esses nós representam as posições ocupadas pelos átomos, íons ou moléculas em um sólido cristalino.

A rede cristalina é caracterizada por uma repetição regular desses pontos em três direções perpendiculares entre si, conhecidas como eixos de simetria.

Os retículos, por sua vez, são conjuntos de pontos que representam a menor unidade de repetição da rede cristalina. Esses pontos, chamados de células unitárias, são utilizados para descrever a estrutura cristalina de um material.

Existem diferentes tipos de retículos, como o retículo cúbico, o retículo hexagonal, o retículo tetragonal, entre outros, cada um deles correspondendo a um tipo específico de estrutura cristalina.

Os retículos e as redes cristalinas fornecem informações valiosas sobre as propriedades dos materiais sólidos. Por exemplo, a simetria da rede cristalina afeta as propriedades ópticas e elétricas dos materiais, influenciando como eles interagem com a luz e a eletricidade. Além disso, a estrutura cristalina determina a resistência mecânica, a condutividade térmica e outras características físicas dos sólidos.

A compreensão da estrutura cristalina, das redes e dos retículos é fundamental em várias áreas científicas e tecnológicas. A cristalografia, por exemplo, é a disciplina que estuda a estrutura dos cristais e utiliza técnicas experimentais e computacionais para determinar as disposições atômicas em materiais sólidos.

Esses conhecimentos são essenciais para a concepção de novos materiais com propriedades específicas, como a otimização de ligas metálicas, o desenvolvimento de materiais magnéticos avançados e a criação de novos materiais semicondutores para a eletrônica.

A estrutura cristalina, as redes e os retículos são conceitos fundamentais para a compreensão da organização dos materiais sólidos. Eles desempenham um papel crucial na determinação das propriedades físicas e químicas dos materiais, fornecendo uma base sólida para o desenvolvimento de novos materiais e tecnologias.

Existem muitos exemplos de sólidos cristalinos encontrados na natureza e produzidos pelo ser humano. Aqui estão alguns exemplos de sólidos cristalinos:

Diamante: O diamante é um sólido cristalino composto inteiramente por átomos de carbono dispostos em uma estrutura cristalina cúbica de face centrada. É conhecido por sua dureza e brilho.

Características físicas do diamante:

- Dureza: O diamante é o mineral mais duro conhecido.

Na escala de dureza de Mohs, o diamante recebe a

pontuação máxima de 10. Isso significa que o diamante é extremamente resistente a riscos e pode arranhar a maioria dos outros materiais.

- Brilho: O diamante possui um brilho excepcional. Sua alta refração e dispersão da luz permitem que ele refrate e reflete a luz de forma intensa, resultando em um brilho vívido e cintilante.
- Transparência: O diamante é transparente à luz visível, o que significa que permite a passagem da luz sem grande absorção ou dispersão. Essa transparência é uma das razões pelas quais os diamantes são valorizados como pedras preciosas.
- Ponto de fusão elevado: O diamante tem um ponto de fusão extremamente alto, em torno de 3.500 °C a 4.000 °C. Isso significa que ele é capaz de suportar temperaturas muito altas sem se decompor.

Características químicas do diamante:

- Composição química: O diamante é composto exclusivamente de átomos de carbono. Cada átomo de carbono está ligado a outros quatro átomos de carbono em uma estrutura cristalina tridimensional.

- Ligações covalentes fortes: No diamante, os átomos de carbono estão ligados entre si por fortes ligações covalentes. Essas ligações são extremamente estáveis e conferem ao diamante sua dureza excepcional.
- Estabilidade química: O diamante é quimicamente estável e não reage facilmente com a maioria dos agentes químicos. Ele é resistente a ácidos e bases, tornando-o um material durável e adequado para uma variedade de aplicações.
- Baixa condutividade elétrica: Embora o diamante seja um excelente condutor de calor, ele é um isolante elétrico devido à sua estrutura cristalina covalente. Os elétrons não estão livres para se moverem na estrutura do diamante, resultando em baixa condutividade elétrica.

Essas são algumas das principais características físicas e químicas do diamante. Sua combinação de dureza extrema, brilho intenso e estabilidade química fazem dele uma das pedras preciosas mais valiosas e um material valioso em diversas aplicações industriais, como na fabricação de ferramentas de corte, dispositivos ópticos e componentes eletrônicos.

Sal de cozinha (cloreto de sódio): O sal de cozinha é um sólido cristalino comum, composto por íons de sódio (Na+) e íons de cloreto (Cl-) dispostos em uma estrutura cristalina cúbica de face centrada.

O sal de cozinha, também conhecido como cloreto de sódio (NaCl), é um composto químico com várias características físicas e químicas distintas. Aqui estão algumas das principais características do sal de cozinha:

Características físicas do sal de cozinha:

- Aparência: O sal de cozinha é geralmente encontrado na forma de cristais brancos ou incolor. Pode ter uma textura granulada ou finamente moída, dependendo da forma como é produzido.
- Solubilidade: O sal de cozinha é altamente solúvel em água. Os cristais de sal se dissolvem rapidamente em água, formando uma solução salina.

- Ponto de fusão: O sal de cozinha possui um ponto de fusão relativamente baixo, cerca de 801 °C. Isso significa que, quando aquecido a essa temperatura, o sal de cozinha derrete e se transforma em um líquido.
- Condutividade elétrica: A solução salina obtida pela dissolução do sal de cozinha em água é um bom condutor de eletricidade. Isso ocorre porque os íons de sódio (Na+) e cloreto (Cl-) presentes na solução são carregados eletricamente e permitem o fluxo de corrente elétrica.

Características químicas do sal de cozinha:

- Composição química: O sal de cozinha é composto principalmente por íons de sódio (Na+) e íons de cloreto (Cl-). Para cada íon de sódio, há um íon de cloreto, resultando em uma relação estequiométrica de 1:1.
- Ligação iônica: O sal de cozinha é formado por uma ligação iônica entre os íons de sódio e os íons de cloreto. Essa ligação ocorre devido à atração eletrostática entre os íons de carga oposta.

- Reatividade: O sal de cozinha é considerado quimicamente estável. Ele não reage facilmente com a maioria dos compostos químicos, como ácidos ou bases, e é relativamente resistente a alterações químicas.
- Sabor: O sal de cozinha tem um sabor característico de salgado e é amplamente utilizado como condimento na culinária.

É importante observar que essas características são específicas para o sal de cozinha comum, composto por cloreto de sódio. Existem diferentes tipos de sais com características físicas e químicas distintas, como o sal marinho, que contém outros minerais em adição ao cloreto de sódio.

Grafite: A grafite é um sólido cristalino de carbono, onde os átomos de carbono estão organizados em camadas hexagonais sobrepostas. É conhecida por sua natureza escorregadia e é usada em lápis.

O grafite é uma forma cristalina do carbono, com uma estrutura em camadas que consiste em átomos de carbono organizados em hexágonos planares. Suas características físicas e químicas são as seguintes:

Características físicas:

- Cor: O grafite é de cor cinza a preta.
- Brilho: Possui um brilho metálico.
- Textura: É um material macio e apresenta uma sensação escorregadia ao toque.
- Dureza: O grafite tem uma dureza relativamente baixa na escala de Mohs, variando entre 1 e 2. Isso significa que pode ser facilmente riscado com uma unha ou com um objeto de menor dureza, como um lápis.
- Condutividade elétrica: O grafite é um excelente condutor de eletricidade devido à sua estrutura em camadas. Os elétrons podem mover-se livremente entre as camadas de carbono.
- Condutividade térmica: Também possui alta condutividade térmica devido à sua estrutura em camadas e à capacidade de transferir calor através das camadas de carbono.

- Ponto de fusão: O ponto de fusão do grafite é extremamente alto, cerca de 3.700 °C (6.700 °F), tornando-o útil em aplicações de alta temperatura.
- Ponto de ebulição: O grafite não tem um ponto de ebulição específico, pois sublima diretamente do estado sólido para o gasoso.

Características químicas:

- Composição química: O grafite é composto exclusivamente por átomos de carbono.
- Estabilidade química: É quimicamente estável e não reage facilmente com a maioria dos reagentes químicos.
- Reatividade: Embora seja quimicamente estável, o grafite pode reagir em condições extremas, como altas temperaturas em presença de oxigênio, formando dióxido de carbono (CO2).

- Baixa solubilidade: O grafite é praticamente insolúvel em solventes orgânicos e água.
- Lubrificante: Devido à sua estrutura em camadas e à fraca interação entre essas camadas, o grafite é utilizado como lubrificante sólido em várias aplicações industriais.

Essas são algumas das principais características físicas e químicas do grafite.

Quartzo: O quartzo é um sólido cristalino composto por dióxido de silício (SiO2). Existem várias formas de quartzo, mas a forma mais comum é a hexagonal, onde os átomos de silício e oxigênio formam uma estrutura cristalina repetitiva.

O quartzo é um mineral extremamente comum encontrado em todo o mundo. Possui uma variedade de características físicas e químicas distintas. Aqui estão algumas das principais características do quartzo:

Características físicas do quartzo:

- Cor: O quartzo ocorre em uma ampla variedade de cores, incluindo transparente, branco, rosa, roxo, marrom, preto e muitas outras. A forma mais comum de quartzo é o quartzo transparente e incolor, conhecido como quartzo claro.
- Brilho: O quartzo tem um brilho vítreo, o que significa que tem uma aparência semelhante ao vidro quando polido.
- Dureza: O quartzo tem uma dureza de 7 na escala de Mohs, o que o torna relativamente resistente a arranhões e adequado para uso em joias.
- Fratura: O quartzo tem uma fratura concoidal, o que significa que se quebra em formas arredondadas semelhantes a conchas quando é quebrado.
- Clivagem: O quartzo exibe clivagem irregular ou ausente, o que significa que não se divide facilmente ao longo de planos cristalinos definidos.

- Transparência: O quartzo pode variar de transparente a translúcido, dependendo da presença de impurezas e inclusões.

Características químicas do quartzo:

- Composição química: O quartzo é composto principalmente de dióxido de silício (SiO2), que é uma combinação de silício e oxigênio.
- Estrutura cristalina: O quartzo tem uma estrutura cristalina trigonal, o que significa que seus átomos estão organizados em um padrão regular e repetitivo.
- Estabilidade: O quartzo é um mineral extremamente estável e resistente à maioria dos agentes químicos. É insolúvel em água e ácidos comuns, como ácido clorídrico ou ácido sulfúrico.
- Ponto de fusão: O quartzo tem um ponto de fusão elevado, em torno de 1.650 graus Celsius.

Essas são algumas das características físicas e químicas do quartzo. No entanto, vale ressaltar que o quartzo é um mineral muito versátil e existem muitas variedades e formas de quartzo com características ligeiramente diferentes.

Gel de sílica: O gel de sílica é um sólido amorfo (sem uma estrutura cristalina definida), mas quando cristalizado, forma uma estrutura cristalina tridimensional. É amplamente usado como agente dessecante em embalagens de produtos.

O gel de sílica, também conhecido como sílica gel, é um material poroso e amorfo composto principalmente de dióxido de silício (SiO2). Ele é produzido através da síntese química ou extração de sílica a partir de fontes naturais, como areia.

Aqui estão algumas das características físicas e químicas do gel de sílica:

Características físicas do gel de sílica:

- Aparência: O gel de sílica é geralmente encontrado em forma de pequenos grânulos ou contas. Sua cor pode variar de branco a transparente.
- Porosidade: O gel de sílica possui uma estrutura altamente porosa, o que significa que contém uma grande quantidade de espaços vazios em sua estrutura.

- Absorção de umidade: Uma das principais características do gel de sílica é sua alta capacidade de absorver umidade. Essa propriedade é amplamente utilizada para a secagem e desumidificação de ambientes.
- Inodoro: O gel de sílica é inodoro, o que significa que não possui cheiro.
- Estabilidade térmica: O gel de sílica é conhecido por sua estabilidade térmica, sendo capaz de resistir a altas temperaturas sem perder suas propriedades.

Características químicas do gel de sílica:

- Composição química: O gel de sílica é composto principalmente de dióxido de silício (SiO2) em forma amorfa.
- Reatividade: O gel de sílica é quimicamente inerte e não reage facilmente com outras substâncias. Isso o torna seguro para uso em diversas aplicações.

- Adsorção: O gel de sílica tem a capacidade de adsorver gases, líquidos e substâncias químicas em sua superfície. Essa propriedade é amplamente utilizada em embalagens de produtos sensíveis à umidade e na indústria química.
- Estabilidade química: O gel de sílica é resistente a ácidos e bases diluídos. No entanto, pode sofrer dissolução em álcalis concentrados ou ácidos fortes.

É importante notar que o gel de sílica não é tóxico e é amplamente utilizado em uma variedade de aplicações, como embalagens de alimentos, absorvedores de umidade, catálise, cromatografia, entre outros.

Cobre: O cobre é um metal que pode formar uma estrutura cristalina cúbica de face centrada. É utilizado em uma variedade de aplicações devido à sua alta condutividade elétrica e térmica.

O cobre é um elemento químico com símbolo Cu e número atômico 29. Possui uma variedade de características físicas e químicas distintas. Aqui estão algumas das principais características do cobre:

Características físicas do cobre:

- Cor: O cobre tem uma cor avermelhada característica quando está em sua forma pura.
- Brilho: O cobre possui um brilho metálico brilhante quando polido.
- Ductilidade e Maleabilidade: O cobre é um metal altamente ductil e maleável, o que significa que pode ser facilmente moldado e transformado em fios finos ou folhas.
- Condutividade: O cobre é um excelente condutor de eletricidade e calor. É amplamente utilizado em aplicações elétricas e térmicas, como fios elétricos e tubos de refrigeração.
- Ponto de Fusão: O cobre tem um ponto de fusão relativamente alto, em torno de 1.083°C, o que o torna adequado para aplicações em alta temperatura.
- Densidade: O cobre possui uma densidade relativamente alta, cerca de 8,96 g/cm^3.

Características químicas do cobre:

- Composição química: O cobre é um elemento químico com símbolo Cu e possui uma valência de +1 ou +2 em compostos. Em sua forma pura, é considerado um metal de transição.
- Reatividade: O cobre é considerado um metal moderadamente reativo. Ele não reage com a maioria dos ácidos diluídos, mas pode reagir com ácidos oxidantes concentrados, como ácido nítrico.
- Oxidação: O cobre pode oxidar-se em contato com o ar e formar uma camada superficial de cor verde-azulada, chamada de pátina de cobre. Essa camada protege o metal contra mais oxidação.
- Ligas: O cobre é frequentemente utilizado em ligas com outros elementos para melhorar suas propriedades. Por exemplo, a liga de cobre e zinco é conhecida como latão, e a liga de cobre e estanho é conhecida como bronze.

- Solubilidade: O cobre é solúvel em ácidos e amônia aquosa, formando diferentes compostos de cobre.

Essas são algumas das características físicas e químicas do cobre. O cobre é amplamente utilizado em diversas indústrias, como eletrônica, construção, encanamento, indústria automotiva e muitas outras, devido às suas propriedades úteis.

Ferro: O ferro também pode formar uma estrutura cristalina cúbica de face centrada. É um metal amplamente utilizado na indústria e na fabricação de estruturas metálicas.

O ferro é um elemento químico com símbolo Fe e número atômico 26. Possui uma variedade de características físicas e químicas distintas. Aqui estão algumas das principais características do ferro:

Características físicas do ferro:

- Cor: O ferro puro tem uma cor prateada-acinzentada.
- Brilho: O ferro possui um brilho metálico brilhante quando polido.
- Ductilidade e Maleabilidade: O ferro é um metal relativamente dúctil e maleável, o que significa que

pode ser facilmente moldado e transformado em fios e folhas.

- Magnetismo: O ferro é um material ferromagnético, o que significa que pode ser magnetizado. É amplamente utilizado em aplicações magnéticas, como ímãs e transformadores.
- Ponto de Fusão: O ferro tem um ponto de fusão relativamente alto, em torno de 1.538°C, o que o torna adequado para aplicações em alta temperatura.
- Densidade: O ferro possui uma densidade relativamente alta, cerca de 7,87 g/cm³.

Características químicas do ferro:

- Composição química: O ferro é um elemento químico com símbolo Fe e possui uma valência de +2 ou +3 em compostos. É um metal de transição.
- Reatividade: O ferro é considerado um metal moderadamente reativo. É suscetível à oxidação em contato com o oxigênio e a umidade do ar, formando

uma camada de ferrugem composta principalmente de óxido de ferro.

- Oxidação: O ferro pode reagir com oxigênio para formar óxidos de ferro, como o óxido férrico (Fe2O3), conhecido como ferrugem.
- Ligas: O ferro é frequentemente utilizado em ligas com outros elementos para melhorar suas propriedades. Por exemplo, a liga de ferro e carbono é conhecida como aço, que possui maior resistência e dureza em comparação com o ferro puro.
- Solubilidade: O ferro é solúvel em ácidos diluídos, como ácido clorídrico e ácido sulfúrico, formando íons de ferro.

Essas são algumas das características físicas e químicas do ferro. O ferro é um dos metais mais amplamente utilizados devido às suas propriedades mecânicas e à sua capacidade de formar ligas versáteis, como o aço. É utilizado em construção, indústria automotiva, produção de ferramentas, estruturas metálicas, entre muitas outras aplicações.

Esses são apenas alguns exemplos de sólidos cristalinos, mas existem muitos outros materiais que apresentam estruturas cristalinas distintas. Cada material possui uma estrutura cristalina única, determinada pelos tipos de átomos e a forma como estão organizados espacialmente.

1.4 Introdução à teoria quântica dos sólidos e à teoria cinética dos líquidos

A teoria quântica dos sólidos e a teoria cinética dos líquidos são dois ramos importantes da física que buscam compreender o comportamento da matéria condensada em níveis microscópicos.

A teoria quântica dos sólidos é uma área da física que se concentra no estudo do comportamento dos átomos e elétrons em sólidos, como metais, semicondutores e isolantes. Essa teoria foi desenvolvida ao longo do século XX e teve um papel fundamental na compreensão das propriedades dos materiais e no avanço da eletrônica e da tecnologia moderna.

A história da teoria quântica dos sólidos remonta ao início do século XX, com os avanços na compreensão da estrutura atômica e das propriedades dos elétrons. Um dos marcos importantes nesse desenvolvimento foi a descoberta do elétron por J.J. Thomson em 1897, seguida pelo modelo atômico de Rutherford em 1911, que postulava que os elétrons orbitam em torno de um núcleo atômico.

No entanto, foi o trabalho de Max Planck sobre a radiação do corpo negro em 1900 que lançou as bases para a teoria quântica. Planck propôs que a energia é quantizada, ou seja, ela ocorre em unidades discretas chamadas de quanta. Essa ideia revolucionou a compreensão da natureza da luz e teve um impacto significativo no estudo dos sólidos.

Em 1926, as bases teóricas da mecânica quântica foram estabelecidas por Erwin Schrödinger e Werner Heisenberg. A mecânica quântica descreve o comportamento dos elétrons em termos de funções de onda, que são soluções de equações diferenciais conhecidas como equações de Schrödinger. Essas equações descrevem a probabilidade de encontrar um elétron em uma determinada posição ou estado de energia.

No contexto dos sólidos, a teoria quântica desempenhou um papel crucial na explicação de fenômenos como a condutividade elétrica e térmica, a magnetização, a supercondutividade e muitos outros. Ela permitiu entender as propriedades eletrônicas dos sólidos em termos de bandas de energia, onde os elétrons podem ocupar estados discretos.

O modelo de bandas, desenvolvido principalmente por Felix Bloch e outros cientistas, descreve os níveis de energia permitidos para os elétrons em sólidos cristalinos. Ele mostra como as bandas de energia são formadas a partir das interações entre os elétrons e os átomos vizinhos. Essas interações determinam se um material é um metal, um semicondutor ou um isolante.

Posteriormente, a teoria quântica dos sólidos foi ampliada por diversos cientistas, como John Bardeen, Leon Cooper e Robert Schrieffer, que desenvolveram a teoria BCS da supercondutividade em 1957, e Walter Kohn, que foi laureado com o Prêmio Nobel de Química em 1998 por seus trabalhos sobre a teoria do funcional da densidade (DFT), uma abordagem fundamental para a descrição das propriedades eletrônicas dos sólidos.

Hoje em dia, a teoria quântica dos sólidos continua a desempenhar um papel fundamental no avanço da eletrônica, da computação quântica e da nanotecnologia. A compreensão dos princípios quânticos subjacentes permite o desenvolvimento de novos materiais com propriedades eletrônicas personalizadas, abrindo caminho para dispositivos mais eficientes, rápidos e avançados tecnologicamente.

A história da teoria quântica dos sólidos é uma jornada fascinante que combina os avanços na compreensão da estrutura atômica, a descoberta da natureza quântica da energia e o desenvolvimento da mecânica quântica. Essa teoria revolucionou nossa compreensão dos materiais sólidos e continua a impulsionar o progresso científico e tecnológico em diversas áreas.

Essas teorias fornecem uma base sólida para a compreensão das propriedades dos sólidos e líquidos, permitindo explicar fenômenos complexos e desenvolver aplicações tecnológicas avançadas.

A teoria quântica dos sólidos tem suas raízes na física quântica, que descreve o comportamento das partículas subatômicas. Ela estuda os sólidos em termos das propriedades quânticas dos átomos ou íons que os compõem.

Nessa teoria, considera-se que os elétrons em um sólido estão confinados a níveis de energia discretos, formando bandas de energia. Essas bandas representam os diferentes níveis de energia nos quais os elétrons podem existir, e a distribuição desses elétrons nas bandas determina as propriedades eletrônicas e magnéticas do sólido.

A teoria quântica dos sólidos explica uma variedade de fenômenos observados, como a condutividade elétrica, a magnetização, a absorção e emissão de luz, entre outros. Ela também é fundamental para a compreensão de fenômenos quânticos coletivos, como a supercondutividade e a condensação de Bose-Einstein.

Além disso, a teoria quântica dos sólidos desempenha um papel essencial no desenvolvimento de dispositivos eletrônicos avançados, como transistores, diodos e lasers.

Por outro lado, a teoria cinética dos líquidos concentra-se na descrição do comportamento dos líquidos em termos das interações entre suas partículas constituintes. Ela estuda os líquidos como um conjunto de moléculas ou íons que se movem em constante colisão e interação.

A teoria cinética dos líquidos se baseia em conceitos da mecânica estatística e da termodinâmica para descrever as propriedades dinâmicas e os estados de equilíbrio dos líquidos.

Essa teoria fornece uma compreensão dos fenômenos de transporte em líquidos, como a viscosidade, a difusão e a condutividade térmica. Ela também explica a natureza fluída dos líquidos e sua capacidade de adotar a forma do recipiente que os contém.

A teoria cinética dos líquidos é aplicada em diversas áreas, como a química, a biologia e a engenharia, para entender o comportamento de fluidos em diferentes contextos e desenvolver tecnologias relacionadas, como processos de mistura, reações químicas e sistemas de refrigeração.

A teoria cinética dos líquidos é uma área da física que busca compreender o comportamento dos líquidos em nível microscópico, ou seja, analisar as propriedades e o movimento das partículas que compõem um líquido. Essa teoria foi desenvolvida ao longo do tempo, com contribuições significativas de vários cientistas.

A história da teoria cinética dos líquidos remonta ao século XIX, quando os cientistas começaram a explorar as propriedades dos líquidos de maneira mais profunda. Em 1858, Rudolf Clausius introduziu o conceito de moléculas em movimento aleatório e propôs que a pressão de um gás é resultado do movimento molecular.

Foi apenas no início do século XX que a teoria cinética começou a ser aplicada aos líquidos. Em 1905, Albert Einstein publicou um trabalho sobre o movimento browniano, no qual descrevia o movimento aleatório das partículas em suspensão em um líquido. Ele mostrou como o movimento dessas partículas poderia ser explicado usando conceitos da teoria cinética molecular.

Outro marco importante foi o trabalho de Marian Smoluchowski em 1906, que forneceu uma descrição matemática do movimento browniano e desenvolveu equações para a difusão de partículas em um líquido. Essas contribuições foram fundamentais para o desenvolvimento da teoria cinética dos líquidos.

No entanto, a teoria cinética dos líquidos ainda enfrentava desafios, pois a complexidade dos líquidos tornava difícil uma descrição completa e precisa de seu comportamento. Foi somente na década de 1950 que a teoria cinética dos líquidos começou a avançar significativamente, graças ao trabalho de diversos cientistas.

Destaca-se o trabalho de Lars Onsager, que em 1931 desenvolveu equações termodinâmicas para a descrição do comportamento dos líquidos, levando em consideração as interações entre as moléculas. Seus estudos contribuíram para o entendimento da condutividade elétrica e térmica dos líquidos.

Na década de 1950, várias teorias foram propostas para descrever o comportamento dos líquidos, incluindo a teoria do estado líquido desenvolvida por John Kirkwood e John Monroe em 1952, e a teoria do líquido de Flory-Huggins, que abordava o comportamento de polímeros em solução.

Desde então, a teoria cinética dos líquidos tem sido aprimorada e refinada com o uso de técnicas experimentais avançadas e simulações computacionais. Ela continua a desempenhar um papel fundamental na compreensão das propriedades e do comportamento dos líquidos em diversas áreas, como química, biologia, ciência dos materiais e engenharia.

A história da teoria cinética dos líquidos é uma jornada de descobertas e avanços científicos ao longo do tempo. O trabalho de diversos cientistas contribuiu para o desenvolvimento dessa teoria, que nos permite entender melhor o comportamento complexo dos líquidos e suas aplicações práticas em diversas áreas da ciência e da tecnologia.

A teoria quântica dos sólidos e a teoria cinética dos líquidos são abordagens fundamentais para a compreensão do comportamento da matéria condensada. A teoria quântica dos sólidos explora as propriedades eletrônicas e magnéticas dos sólidos, enquanto a teoria cinética dos líquidos investiga as interações moleculares e o comportamento dinâmico dos líquidos.

Essas teorias são essenciais para explicar fenômenos complexos, desenvolver novos materiais e avançar em diversas áreas da ciência e da tecnologia.

Capítulo 2: Propriedades Eletrônicas e Ópticas

2.1 Exploração das propriedades eletrônicas dos materiais, incluindo bandas de energia, semicondutores e isolantes

A exploração das propriedades eletrônicas dos materiais é de fundamental importância para a compreensão de seu comportamento e para o desenvolvimento de dispositivos eletrônicos avançados. Essa investigação permite entender como os elétrons se movem e interagem dentro dos materiais, influenciando diretamente suas propriedades elétricas.

Um conceito central no estudo das propriedades eletrônicas é o de bandas de energia. Em sólidos, como metais, semicondutores e isolantes, os elétrons são distribuídos em diferentes níveis de energia, formando bandas de energia eletrônica.

Essas bandas representam os diferentes níveis de energia nos quais os elétrons podem existir dentro do material. As bandas mais próximas do nível de energia mais baixo são chamadas de banda de valência, enquanto as bandas mais distantes são denominadas banda de condução.

Nos metais, a banda de valência se sobrepõe à banda de condução, permitindo que os elétrons se movam livremente pelo material. Isso explica a condutividade elétrica dos metais, já que os elétrons podem responder facilmente a um campo elétrico.

Já nos isolantes, a banda de valência está totalmente ocupada e separada da banda de condução por uma grande diferença de energia, chamada de gap de energia proibida. Nesses materiais, a condução elétrica é muito limitada, uma vez que a energia necessária para mover os elétrons da banda de valência para a banda de condução é muito alta.

Os semicondutores ocupam uma posição intermediária entre os metais e os isolantes. Eles possuem um gap de energia proibida menor do que os isolantes, o que significa que os elétrons podem ser excitados da banda de valência para a banda de condução com menor energia.

Isso torna os semicondutores capazes de conduzir eletricidade, embora com maior resistência do que os metais. Além disso, os semicondutores podem ser modificados por dopagem, ou seja, pela introdução controlada de impurezas no material, o que permite ajustar suas propriedades elétricas para aplicações específicas.

A exploração das propriedades eletrônicas dos materiais, como as bandas de energia, os semicondutores e os isolantes, é fundamental para o desenvolvimento de dispositivos eletrônicos avançados.

A compreensão dessas propriedades permite projetar transistores, diodos, circuitos integrados e outros componentes eletrônicos com base nas características elétricas desejadas. Além disso, a pesquisa contínua nesse campo tem levado ao desenvolvimento de novos materiais semicondutores com melhores desempenhos, como os semicondutores orgânicos e os materiais bidimensionais, abrindo caminho para avanços tecnológicos significativos.

A exploração das propriedades eletrônicas dos materiais, incluindo a compreensão das bandas de energia, dos semicondutores e dos isolantes, desempenha um papel fundamental na ciência e na tecnologia dos materiais.

Esses conhecimentos são essenciais para o desenvolvimento de dispositivos eletrônicos avançados e para o progresso de áreas como a eletrônica, a fotônica, a nanotecnologia e a computação.

2.2 Discussão sobre o efeito Hall, condutividade elétrica e magnetoresistência

A discussão sobre o efeito Hall, condutividade elétrica e magnetoresistência está intrinsecamente ligada às propriedades eletrônicas dos materiais e ao comportamento dos elétrons em presença de campos magnéticos. Esses fenômenos desempenham um papel importante na compreensão e aplicação de materiais condutores.

O efeito Hall é um fenômeno descoberto por Edwin Hall em 1879, que ocorre quando um material condutor é submetido a um campo magnético perpendicular ao sentido da corrente elétrica que o atravessa.

Quando isso acontece, os elétrons em movimento dentro do material são desviados pela ação do campo magnético, acumulando-se em um dos lados do material e criando uma diferença de potencial, conhecida como tensão de Hall, perpendicular à corrente e ao campo magnético. Essa tensão de Hall é uma medida da carga e da densidade de portadores de carga (elétrons ou lacunas) no material condutor.

A partir do efeito Hall, é possível determinar a densidade de portadores de carga e o tipo de condutor presente no material.

Se a tensão de Hall é positiva, significa que os portadores de carga são elétrons. Já se a tensão de Hall é negativa, indica a presença de lacunas como portadores de carga.

Além disso, o efeito Hall permite calcular a mobilidade dos portadores de carga, que representa a facilidade com que eles se movem em resposta a um campo elétrico.

A condutividade elétrica é uma medida da facilidade com que um material permite a passagem da corrente elétrica. Ela é determinada pela densidade de portadores de carga e pela sua mobilidade.

Materiais com alta densidade de portadores de carga e alta mobilidade têm uma condutividade elétrica maior, enquanto materiais com baixa densidade de portadores de carga ou baixa mobilidade têm uma condutividade elétrica menor.

A condutividade elétrica é uma propriedade essencial para o funcionamento de dispositivos eletrônicos e é frequentemente ajustada por meio de dopagem, alterações na estrutura cristalina ou controle da temperatura.

A magnetoresistência, por sua vez, refere-se à alteração da resistência elétrica de um material quando exposto a um campo magnético. Existem dois tipos principais de magnetoresistência: a magnetoresistência anisotrópica de campo zero (AMR) e a magnetoresistência gigante (GMR). A AMR ocorre em materiais ferromagnéticos e está relacionada à orientação magnética dos domínios magnéticos.

A GMR é observada em multicamadas finas de materiais ferromagnéticos e não magnéticos, onde a resistência elétrica pode variar significativamente quando a orientação magnética é alterada.

A magnetoresistência é amplamente utilizada em tecnologias de armazenamento de dados, como discos rígidos e cartões de memória, onde a leitura e gravação de informações são baseadas na detecção das variações de resistência em resposta a campos magnéticos.

Além disso, a magnetoresistência tem aplicações em sensores magnéticos, dispositivos de detecção de campos magnéticos e em pesquisas científicas relacionadas a materiais magnéticos.

A discussão sobre o efeito Hall, a condutividade elétrica e a magnetoresistência é essencial para a compreensão das propriedades eletrônicas dos materiais condutores. Esses fenômenos desempenham um papel importante no desenvolvimento de dispositivos eletrônicos avançados, na caracterização de materiais e na exploração de aplicações tecnológicas baseadas em campos magnéticos.

2.3 Análise das propriedades ópticas, como refração, reflexão e absorção de luz

A análise das propriedades ópticas dos materiais é fundamental para compreender como eles interagem com a luz e como essas interações afetam seu comportamento. Dentre as propriedades ópticas mais estudadas estão a refração, a reflexão e a absorção de luz.

A refração ocorre quando a luz passa de um meio para outro com índices de refração diferentes. Quando a luz atinge uma superfície de separação entre dois meios, ela pode ser desviada de sua trajetória original. Esse desvio ocorre devido à mudança na velocidade da luz ao passar de um meio para outro.

A lei da refração, formulada por Snell, descreve a relação entre os ângulos de incidência e refração, bem como os índices de refração dos meios envolvidos. A refração é responsável por fenômenos como a formação de imagens em lentes, a dispersão da luz em um prisma e o efeito de miragem.

A reflexão é o fenômeno pelo qual a luz incide em uma superfície e retorna ao meio de origem. Quando a luz atinge uma superfície lisa, parte dela é refletida, ou seja, retorna na mesma direção em que incidiu.

A reflexão pode ser especular, ocorrendo em superfícies perfeitamente lisas, ou difusa, ocorrendo em superfícies rugosas, dispersando a luz em diferentes direções. A quantidade de luz refletida depende do ângulo de incidência e das propriedades ópticas do material. A reflexão é fundamental em muitas aplicações, como espelhos, superfícies refletoras e sistemas de iluminação.

A absorção de luz é o processo pelo qual a energia luminosa é absorvida por um material. Quando a luz incide em um material, parte dela é absorvida, convertendo-se em energia térmica ou excitando elétrons em níveis de energia mais elevados.

A absorção depende da natureza do material e do comprimento de onda da luz incidente. Alguns materiais apresentam propriedades seletivas de absorção, absorvendo luz em certos intervalos de comprimento de onda, enquanto outros podem ser transparentes em certas faixas espectrais.

A absorção de luz é essencial em áreas como fotossíntese, fotônica, fotodetecção e tecnologias de energia solar. Além da refração, reflexão e absorção, outras propriedades ópticas também são estudadas, como a dispersão, a difração, a polarização e a fluorescência.

A análise dessas propriedades permite compreender como a luz interage com os materiais em níveis microscópicos e macroscópicos. Também desempenha um papel fundamental no projeto e desenvolvimento de dispositivos ópticos, como lentes, fibras ópticas, displays, sensores e lasers.

A análise das propriedades ópticas, como refração, reflexão e absorção de luz, é essencial para entender como os materiais interagem com a luz e como essas interações podem ser aplicadas em tecnologias e aplicações diversas.

Essa compreensão é crucial para o desenvolvimento de dispositivos ópticos avançados e para a exploração de fenômenos ópticos em diversos campos científicos e tecnológicos.

Capítulo 3: Propriedades Magnéticas e de Spin

3.1 Introdução ao magnetismo e ao momento magnético

Introdução ao magnetismo e ao momento magnético

O magnetismo é um fenômeno natural que envolve a interação de materiais com campos magnéticos. Desde a antiguidade, os seres humanos têm observado a presença de ímãs naturais, como a magnetita, que possuem a capacidade de atrair objetos de ferro. O estudo do magnetismo levou ao desenvolvimento de teorias e conceitos que são fundamentais para entender esse fenômeno e suas aplicações.

Um dos conceitos-chave do magnetismo é o momento magnético. O momento magnético é uma propriedade intrínseca de materiais magnéticos e está associado ao movimento dos elétrons em átomos ou moléculas. Cada elétron possui uma carga elétrica negativa e um momento angular, o que resulta em um momento magnético.

O momento magnético pode ser representado como um vetor que tem magnitude e direção. Ele descreve a força e a orientação do campo magnético gerado por um material magnético. Materiais magnéticos podem ter momentos magnéticos permanentes, chamados de materiais ferromagnéticos, ou momentos magnéticos induzidos por campos magnéticos externos, conhecidos como materiais paramagnéticos ou diamagnéticos.

No caso dos materiais ferromagnéticos, como o ferro e o níquel, os momentos magnéticos dos átomos se alinham espontaneamente em regiões chamadas de domínios magnéticos. Quando esses domínios estão alinhados, o material apresenta magnetização e exibe propriedades magnéticas significativas.

Por outro lado, nos materiais paramagnéticos e diamagnéticos, os momentos magnéticos não se alinham espontaneamente, mas podem ser influenciados por um campo magnético externo.

O magnetismo possui diversas aplicações práticas em nossa vida cotidiana. A tecnologia dos dispositivos eletrônicos, como discos rígidos, alto-falantes e transformadores, depende do uso de materiais magnéticos para armazenar e transmitir informações.

Além disso, os ímãs são utilizados em áreas como medicina, energia, transporte e indústria, desempenhando papéis cruciais em ressonância magnética, geração de energia elétrica, motores e separação de materiais.

A compreensão do magnetismo e do momento magnético é essencial para a exploração e o avanço dessas tecnologias. Através de estudos teóricos, experimentais e avanços em materiais magnéticos, é possível desenvolver dispositivos mais eficientes e aprimorar nossa compreensão do comportamento magnético da matéria.

O magnetismo e o momento magnético desempenham um papel fundamental em nossa compreensão do mundo físico e têm aplicações práticas significativas. O estudo desses fenômenos continua a evoluir, permitindo avanços tecnológicos e aprofundamento do conhecimento científico.

3.2 Descrição dos diferentes tipos de materiais magnéticos, como ferromagnéticos, antiferromagnéticos e ferrimagnéticos

Os materiais magnéticos desempenham um papel crucial em uma ampla gama de aplicações e possuem propriedades magnéticas distintas. Dentre os diferentes tipos de materiais magnéticos, destacam-se os ferromagnéticos, os antiferromagnéticos e os ferrimagnéticos, cada um com características únicas de organização magnética.

Os materiais ferromagnéticos são os mais conhecidos e amplamente estudados. Eles exibem um forte magnetismo mesmo na ausência de um campo magnético externo.

Os momentos magnéticos dos átomos nesses materiais tendem a se alinhar paralelamente uns aos outros, resultando em uma magnetização espontânea. Os materiais ferromagnéticos apresentam o fenômeno da histerese magnética, que é a capacidade de reter o magnetismo mesmo após a remoção do campo magnético externo. O ferro, o níquel e o cobalto são exemplos comuns de materiais ferromagnéticos utilizados em várias aplicações tecnológicas.

Os materiais antiferromagnéticos são caracterizados por uma organização magnética oposta à dos materiais ferromagnéticos. Neles, os momentos magnéticos dos átomos se alinham antiparalelamente, o que leva ao cancelamento mútuo dos campos magnéticos.

Como resultado, esses materiais não exibem magnetização líquida. O óxido de manganês (MnO) é um exemplo de material antiferromagnético comum. Embora os materiais antiferromagnéticos não apresentem magnetização macroscópica, eles têm grande importância na pesquisa e na tecnologia devido às suas propriedades magnéticas sutis e potencial de aplicação em dispositivos magnéticos.

Os materiais ferrimagnéticos possuem uma organização magnética intermediária entre os materiais ferromagnéticos e antiferromagnéticos. Neles, os momentos magnéticos dos átomos estão alinhados em direções diferentes, mas com magnitudes desiguais.

Isso resulta em um momento magnético líquido, que é uma magnetização líquida não nula. Os materiais ferrimagnéticos são frequentemente encontrados em minerais naturais, como a magnetita (Fe3O4), que possui uma estrutura cristalina complexa com momentos magnéticos desiguais em suas sub-redes.

Esses materiais apresentam propriedades magnéticas interessantes e são amplamente utilizados em dispositivos eletrônicos, como memórias de acesso aleatório (RAM) e componentes magnéticos.

Cada tipo de material magnético apresenta características distintas de organização magnética e propriedades magnéticas. A compreensão dessas diferenças é fundamental para a manipulação e aplicação dos materiais magnéticos em diversas tecnologias.

A pesquisa contínua nessa área permite o desenvolvimento de novos materiais magnéticos com propriedades aprimoradas e aplicações mais amplas.

Os materiais magnéticos podem ser classificados em diferentes tipos, como ferromagnéticos, antiferromagnéticos e ferrimagnéticos. Cada um possui uma organização magnética única e propriedades magnéticas distintas. Esses materiais desempenham papéis importantes em tecnologias magnéticas e são objetos de estudo em pesquisa científica para o avanço contínuo no campo do magnetismo.

3.3 Discussão sobre o spin dos elétrons e sua relação com as propriedades magnéticas

A discussão sobre o spin dos elétrons e sua relação com as propriedades magnéticas é fundamental para entender o comportamento magnético dos materiais. O spin é uma propriedade intrínseca dos elétrons que está relacionada à sua rotação ou giro em torno de seu próprio eixo.

O spin dos elétrons pode ser visualizado como uma pequena seta que aponta em uma direção específica. Essa direção pode ser representada como "para cima" ou "para baixo", indicando dois possíveis estados de spin: spin "para cima" (+1/2) e spin "para baixo" (-1/2). O spin dos elétrons está associado a uma carga magnética intrínseca, o que significa que eles geram campos magnéticos.

A relação entre o spin dos elétrons e as propriedades magnéticas dos materiais é evidenciada pela interação entre os momentos magnéticos dos elétrons. Quando os momentos magnéticos dos elétrons se alinham em uma determinada direção, ocorre a formação de domínios magnéticos, que são regiões onde os momentos magnéticos estão orientados paralelamente. Isso resulta na criação de um campo magnético macroscópico.

Nos materiais ferromagnéticos, os elétrons em orbitais atômicos desocupados têm spins paralelos, o que leva a uma alta magnetização e à formação de um campo magnético significativo.

Já nos materiais antiferromagnéticos, os momentos magnéticos dos elétrons se alinham antiparalelamente, resultando em um cancelamento parcial dos campos magnéticos e uma magnetização líquida próxima de zero.

O spin dos elétrons também está relacionado a fenômenos magnéticos interessantes, como a magnetorresistência e a ressonância magnética. A magnetorresistência é a alteração da resistência elétrica de um material quando exposto a um campo magnético externo. Esse efeito é amplamente utilizado em dispositivos magnéticos, como leitores de discos rígidos e sensores magnéticos.

A ressonância magnética é uma técnica amplamente utilizada em medicina para obter imagens internas do corpo. Ela se baseia na interação entre o campo magnético gerado pelos momentos magnéticos dos prótons no tecido e um campo magnético externo, resultando em diferentes frequências de ressonância que podem ser detectadas e utilizadas para criar imagens detalhadas.

O spin dos elétrons desempenha um papel crucial nas propriedades magnéticas dos materiais. Sua orientação e interação são responsáveis pela formação de campos magnéticos e pela variedade de comportamentos magnéticos observados em diferentes materiais.

O estudo e a compreensão do spin eletrônico são essenciais para a exploração e o desenvolvimento de dispositivos magnéticos e aplicações tecnológicas relacionadas.

Capítulo 4: Supercondutividade e Supercorrente

4.1 Explicação dos fenômenos da supercondutividade e da resistência elétrica zero

A supercondutividade é um fenômeno fascinante que ocorre em certos materiais quando são resfriados a temperaturas extremamente baixas, próximas ao zero absoluto (-273,15°C). Nesse estado, esses materiais exibem uma resistência elétrica zero, o que significa que a corrente elétrica pode fluir através deles sem nenhuma perda de energia. Esse comportamento peculiar tem sido objeto de estudo e pesquisa intensivos desde sua descoberta em 1911.

O fenômeno da supercondutividade é descrito pela teoria quântica dos materiais, que postula que, em temperaturas suficientemente baixas, os elétrons nos materiais supercondutores formam pares conhecidos como pares de Cooper.

Esses pares de elétrons estão ligados por uma interação especial chamada interação de pareamento, que é mediada por fônons, que são as vibrações do retículo cristalino do material.

A resistência elétrica zero observada nos materiais supercondutores ocorre porque os pares de Cooper viajam através do material sem colisões significativas com outras partículas, como íons ou impurezas. Essa ausência de colisões reduz a dissipação de energia, permitindo que a corrente elétrica flua sem perdas.

Além disso, os pares de Cooper têm uma carga elétrica efetiva de 2e, onde e é a carga elementar do elétron. Isso significa que eles carregam uma carga elétrica dupla em comparação com um elétron individual, o que aumenta a corrente transportada pelos pares de Cooper.

A temperatura crítica é um parâmetro importante na supercondutividade. Ela representa a temperatura abaixo da qual um material se torna supercondutor. Existem diferentes tipos de supercondutores, classificados de acordo com sua temperatura crítica.

Os supercondutores de alta temperatura crítica, descobertos na década de 1980, podem alcançar temperaturas próximas ao ponto de ebulição do nitrogênio líquido (-196°C), o que torna sua utilização mais prática em aplicações tecnológicas.

A supercondutividade tem aplicações importantes em áreas como medicina, eletrônica e geração de energia. Em medicina, a tecnologia de ressonância magnética utiliza bobinas supercondutoras para gerar campos magnéticos intensos e criar imagens detalhadas do corpo humano. Na eletrônica, os dispositivos supercondutores podem ser usados em circuitos e componentes que requerem baixa dissipação de energia, como cabos de transmissão de energia e detectores de radiação.

Além disso, a supercondutividade também é explorada na construção de ímãs supercondutores para aplicações em aceleradores de partículas, como o LHC (Large Hadron Collider).

Embora a supercondutividade apresente inúmeras vantagens, existem desafios a serem superados para sua aplicação em larga escala. A principal limitação é a necessidade de resfriamento dos materiais supercondutores a temperaturas extremamente baixas.

Esse resfriamento consome energia e requer sistemas de refrigeração complcxos. Além disso, a supercondutividade é suscetível a campos magnéticos externos, o que pode limitar sua aplicação em certos cenários.

Em conclusão, a supercondutividade e a resistência elétrica zero são fenômenos extraordinários que ocorrem em materiais específicos em temperaturas extremamente baixas. A capacidade de conduzir corrente elétrica sem perdas de energia tem implicações significativas em diversas áreas da ciência e da tecnologia.

Com a pesquisa contínua e os avanços na compreensão desses fenômenos, espera-se que a supercondutividade possa ser explorada ainda mais em aplicações práticas e revolucionar várias indústrias.

4.2 Descrição dos diferentes tipos de supercondutores e suas aplicações

Existem diferentes tipos de supercondutores, cada um com características distintas e aplicações específicas. Vamos explorar alguns dos principais tipos e suas respectivas aplicações:

Supercondutores de baixa temperatura crítica: Os supercondutores de baixa temperatura crítica são aqueles que exibem supercondutividade a temperaturas muito próximas do zero absoluto. Geralmente, eles são compostos de elementos químicos puros, como o chumbo (Pb), o nióbio (Nb) e o tálio (Tl).

Esses materiais requerem temperaturas de resfriamento extremamente baixas, próximas ao zero absoluto ou com a ajuda de criogenia, para exibir o fenômeno da supercondutividade. Esses supercondutores são amplamente utilizados em aplicações científicas e industriais, como na construção de ímãs supercondutores para aceleradores de partículas e em equipamentos de ressonância magnética de alta resolução.

Os supercondutores de baixa temperatura crítica são materiais que exibem supercondutividade a temperaturas relativamente baixas, geralmente abaixo de 30 Kelvin (-243,15°C). Esses supercondutores têm aplicações significativas em diversas áreas, como eletrônica de alta sensibilidade, medicina e pesquisa científica.

Aqui estão alguns exemplos práticos de supercondutores de baixa temperatura crítica:

- Nióbio-Titânio (NbTi): É uma liga de nióbio e titânio amplamente utilizada em aplicações de supercondutividade de baixa temperatura. É usado, por exemplo, na construção de ímãs supercondutores para aceleradores de partículas, como o Large Hadron Collider (LHC), no CERN.

- Nióbio-Estanho (Nb3Sn): Outra liga de nióbio, juntamente com o estanho, que exibe supercondutividade em temperaturas criogênicas. O Nb3Sn é utilizado em aplicações de alta potência, como a construção de ímãs supercondutores para geradores de energia elétrica, como os usados em turbinas eólicas.
- Chumbo (Pb): O chumbo é um elemento químico que apresenta supercondutividade a temperaturas muito baixas. Embora sua temperatura crítica seja inferior a 10 Kelvin (-263,15°C), o chumbo tem sido usado em diversas aplicações, como a construção de cabos supercondutores para a transmissão de corrente elétrica com baixas perdas.
- Háfnio (Hf): O háfnio é um metal que se torna supercondutor abaixo de 0,5 Kelvin (-272,65°C). Apesar de sua temperatura crítica extremamente baixa, o háfnio tem sido utilizado em algumas aplicações

específicas, como a fabricação de sensores magnéticos de alta sensibilidade.

- Tantalato de Lantânio e Bário (La1.85Ba0.15CuO4): É um composto cerâmico que exibe supercondutividade a baixas temperaturas. Esse material é amplamente estudado em pesquisas científicas e pode ter aplicações potenciais na construção de dispositivos eletrônicos supercondutores.

Esses são apenas alguns exemplos de supercondutores de baixa temperatura crítica. A pesquisa e o desenvolvimento de novos materiais supercondutores com temperaturas críticas mais elevadas continuam sendo um campo ativo na ciência dos materiais, visando aprimorar ainda mais as aplicações práticas desses materiais avançados.

Supercondutores de alta temperatura crítica: Os supercondutores de alta temperatura crítica, também conhecidos como supercondutores de cupratos, foram descobertos na década de 1980. Eles exibem supercondutividade em temperaturas relativamente mais altas do que os supercondutores de baixa temperatura crítica, geralmente acima do ponto de ebulição do nitrogênio líquido (-196°C).

Os cupratos são compostos de óxidos de cobre e apresentam uma estrutura cristalina complexa. Esses supercondutores são de grande interesse devido à possibilidade de trabalhar com temperaturas mais altas, o que simplifica o processo de resfriamento e permite aplicações mais práticas. Eles são usados em sistemas de energia, como cabos de transmissão, e também em dispositivos eletrônicos de alta velocidade, como chips de microprocessadores.

Os supercondutores de alta temperatura crítica (HTS, sigla em inglês) são materiais que exibem supercondutividade em temperaturas relativamente altas, acima da temperatura de ebulição do nitrogênio líquido (77 Kelvin ou -196,15°C). Esses materiais têm aplicações significativas em várias áreas da ciência e da tecnologia devido à sua capacidade de transportar corrente elétrica sem perdas significativas.

Aqui estão alguns exemplos de aplicações práticas dos supercondutores de alta temperatura crítica:

- Sistemas de Transmissão e Distribuição de Energia: Os supercondutores de alta temperatura crítica têm o potencial de revolucionar os sistemas de transmissão e distribuição de energia elétrica. Eles podem ser utilizados para construir cabos supercondutores que transportam eletricidade com eficiência, reduzindo perdas de energia e melhorando a capacidade de transmissão.

- Geração de Energia: Os supercondutores de alta temperatura crítica podem ser empregados em geradores elétricos, aumentando a eficiência na conversão de energia mecânica em eletricidade. Eles permitem a construção de geradores mais compactos e potentes, especialmente em aplicações de energia renovável, como turbinas eólicas e hidrelétricas.
- Armazenamento de Energia: Os supercondutores de alta temperatura crítica são utilizados em sistemas de armazenamento de energia, como baterias supercondutoras. Essas baterias podem armazenar grandes quantidades de energia elétrica e liberá-la rapidamente quando necessário, tornando-se uma solução promissora para o armazenamento de energia renovável intermitente.

- Imãs eletromagnéticos: Os supercondutores de alta temperatura crítica são usados na construção de ímãs supercondutores poderosos e compactos. Esses ímãs são aplicados em equipamentos médicos, como ressonância magnética (MRI), levitação magnética (Maglev) em sistemas de transporte e em experimentos científicos de alta energia, como aceleradores de partículas.
- Eletrônica de Alta Velocidade: Os supercondutores de alta temperatura crítica têm o potencial de impulsionar a eletrônica de alta velocidade. Eles podem ser usados na construção de dispositivos como circuitos integrados supercondutores e microprocessadores, permitindo velocidades de processamento extremamente rápidas e baixo consumo de energia. Pesquisa Científica: Os supercondutores de alta temperatura crítica são amplamente utilizados em pesquisas científicas, especialmente na área de física de materiais. Eles são usados em experimentos de baixa temperatura para investigar fenômenos quânticos, propriedades magnéticas e estudos avançados de materiais.

Esses são apenas alguns exemplos de aplicações práticas dos supercondutores de alta temperatura crítica. O desenvolvimento contínuo desses materiais e sua aplicação em diversas áreas têm o potencial de revolucionar a tecnologia e proporcionar avanços significativos no campo da energia, eletrônica e pesquisa científica.

Supercondutores de filmes finos: Os supercondutores de filmes finos são fabricados depositando camadas extremamente finas de materiais supercondutores em um substrato. Essa técnica permite o controle preciso das propriedades dos materiais e a fabricação de dispositivos supercondutores em miniatura.

Os supercondutores de filmes finos têm aplicações em eletrônica de alta frequência, como na fabricação de dispositivos supercondutores de micro-ondas e na comunicação sem fio de alta velocidade.

Os supercondutores de filmes finos, também conhecidos como filmes supercondutores epitaxiais, são camadas extremamente finas de materiais supercondutores depositadas sobre um substrato. Esses filmes finos de supercondutores possuem diversas aplicações práticas devido às suas propriedades únicas. Aqui estão alguns exemplos de aplicações práticas dos supercondutores de filmes finos:

- Dispositivos Eletrônicos de Micro-ondas: Os filmes finos supercondutores são utilizados na fabricação de dispositivos eletrônicos de micro-ondas, como osciladores, amplificadores e filtros. Esses dispositivos aproveitam a baixa perda de energia e a alta velocidade de resposta dos supercondutores para melhorar o desempenho e a eficiência dos circuitos de micro-ondas.
- Circuitos Integrados Supercondutores: Os filmes finos supercondutores são empregados na construção de circuitos integrados supercondutores, nos quais os componentes eletrônicos são fabricados utilizando-se materiais supercondutores. Esses circuitos são utilizados em aplicações de alta velocidade e baixo consumo de energia, como em computação quântica e comunicações de alta frequência.
- Detecção de Radiação: Os filmes finos supercondutores são usados em detectores de radiação de alta

sensibilidade, como os utilizados em imagens médicas, análise de materiais e em experimentos científicos. A capacidade dos supercondutores de detectar até mesmo pequenas quantidades de radiação os torna ideais para aplicações em campos como medicina, indústria e pesquisa.

- Magnetoencefalografia (MEG): Os filmes finos supercondutores são empregados na construção de sensores utilizados em magnetoencefalografia, uma técnica não invasiva para mapeamento da atividade cerebral. Esses sensores são extremamente sensíveis aos campos magnéticos gerados pelas correntes elétricas no cérebro, permitindo a detecção precisa e a localização de atividades cerebrais.

- Armazenamento de Energia: Os filmes finos supercondutores são explorados em sistemas de armazenamento de energia, como bobinas supercondutoras que armazenam energia em campos magnéticos. Esses sistemas são usados em aplicações que exigem armazenamento de energia de longo prazo e descarga rápida, como sistemas de backup de energia eletromagnética e propulsão magnética.

Esses são apenas alguns exemplos de aplicações práticas dos supercondutores de filmes finos. A pesquisa contínua nessa área está expandindo as possibilidades de utilização desses materiais em diversas tecnologias avançadas, proporcionando benefícios significativos em termos de desempenho, eficiência e sensibilidade em várias áreas científicas e industriais.

Supercondutores de alta pressão: Alguns materiais podem exibir supercondutividade sob altas pressões. Por exemplo, o hidreto de enxofre (H3S) torna-se supercondutor a temperaturas acima de -70°C quando submetido a altas pressões.

Esses supercondutores de alta pressão são objetos de pesquisa ativa, pois podem fornecer insights sobre os mecanismos fundamentais da supercondutividade e abrir caminho para o desenvolvimento de novos materiais supercondutores.

Os supercondutores de alta pressão são materiais supercondutores que exibem supercondutividade em condições de pressão extremamente elevada. Esses materiais têm aplicações práticas em várias áreas da ciência e da tecnologia.

Aqui estão alguns exemplos de aplicações práticas dos supercondutores de alta pressão:

- Pesquisa Científica: Os supercondutores de alta pressão são frequentemente utilizados em pesquisas científicas para estudar as propriedades dos materiais sob pressões extremas. Eles permitem investigar as mudanças nas propriedades eletrônicas, magnéticas e estruturais dos materiais quando submetidos a condições de alta pressão.
- Armazenamento de Energia: Os supercondutores de alta pressão têm potencial para serem utilizados em sistemas de armazenamento de energia de alta capacidade. Sob altas pressões, alguns materiais podem exibir supercondutividade a temperaturas mais elevadas, o que permitiria o desenvolvimento de baterias supercondutoras capazes de armazenar grandes quantidades de energia elétrica.

- Medicina: Os supercondutores de alta pressão são utilizados na área médica em aplicações como a ressonância magnética (MRI). Eles são usados na construção de bobinas supercondutoras de alta pressão, que geram campos magnéticos intensos e estáveis, permitindo imagens de alta resolução do corpo humano.
- Ciência dos Materiais: Os supercondutores de alta pressão são essenciais para o estudo e a descoberta de novos materiais com propriedades supercondutoras. Sob altas pressões, materiais que normalmente não exibem supercondutividade podem se tornar supercondutores. Isso impulsiona a pesquisa em ciência dos materiais e permite a busca por novos compostos supercondutores com temperaturas críticas mais altas.
- Eletrônica de Alta Velocidade: Os supercondutores de alta pressão têm potencial para serem aplicados na eletrônica de alta velocidade. A supercondutividade permite o transporte de corrente elétrica sem perdas, o que pode ser aproveitado na construção de dispositivos

eletrônicos supercondutores de alta velocidade, como circuitos integrados e microprocessadores.

É importante ressaltar que os supercondutores de alta pressão estão em estágios iniciais de desenvolvimento, e muitas das aplicações mencionadas ainda estão em fase de pesquisa e desenvolvimento.

No entanto, o progresso contínuo na área de supercondutores de alta pressão pode abrir novas oportunidades tecnológicas e científicas no futuro.

Os supercondutores são materiais com propriedades magnéticas únicas que permitem a condução de eletricidade sem resistência. Eles são usados em uma variedade de aplicações, desde ímãs supercondutores para aceleradores de partículas até dispositivos eletrônicos avançados.

Com a contínua pesquisa e desenvolvimento de novos materiais e técnicas de fabricação, espera-se que os supercondutores possam ser aplicados em uma gama ainda mais ampla de campos, promovendo avanços tecnológicos significativos.

4.3 Discussão sobre a corrente crítica, campo magnético e efeito Meissner

A corrente crítica, o campo magnético e o efeito Meissner são conceitos essenciais no estudo dos supercondutores e estão intimamente relacionados ao comportamento magnético desses materiais. Vamos explorar cada um desses aspectos.

A corrente crítica é o valor máximo de corrente elétrica que um supercondutor pode suportar antes de perder suas propriedades supercondutoras. Acima desse valor, o material volta a exibir resistência elétrica e as propriedades magnéticas características da supercondutividade são interrompidas.

A corrente crítica depende das características do supercondutor, como sua composição química, temperatura e a presença de impurezas ou defeitos.

O campo magnético é outra variável importante nos supercondutores. Quando um campo magnético externo é aplicado a um supercondutor, ele afeta as propriedades supercondutoras do material. À medida que o campo magnético aumenta, a corrente crítica diminui. Isso ocorre porque o campo magnético perturba os pares de Cooper, responsáveis pela supercondutividade, dificultando o fluxo de elétrons sem resistência. O campo magnético pode eventualmente superar a corrente crítica, causando o colapso da supercondutividade.

No entanto, há um fenômeno interessante associado aos supercondutores chamado efeito Meissner, que ocorre quando um supercondutor é resfriado abaixo de sua temperatura crítica e um campo magnético externo é aplicado a ele.

Nessa situação, o supercondutor expele totalmente o campo magnético, criando um campo magnético oposto que anula o campo externo dentro de sua estrutura. Isso resulta na expulsão completa das linhas de fluxo magnético do material, conhecido como o estado de Meissner. Como resultado, o supercondutor se torna diamagnético, repelindo o campo magnético externo.

O efeito Meissner é um dos fenômenos distintivos dos supercondutores e demonstra a capacidade desses materiais de se protegerem completamente dos efeitos de um campo magnético externo.

Essa propriedade é de grande importância prática, pois permite o uso de supercondutores em aplicações de levitação magnética, como os trens de levitação magnética (Maglev), e na construção de ímãs supercondutores poderosos usados em aceleradores de partículas e ressonância magnética.

A corrente crítica, o campo magnético e o efeito Meissner são conceitos fundamentais para entender o comportamento dos supercondutores. A capacidade de suportar altas correntes sem resistência, rejeitar campos magnéticos e exibir o efeito Meissner são características distintivas desses materiais e têm aplicações importantes em diversos campos, desde a medicina até a indústria de energia e transporte.

O estudo desses fenômenos continua a impulsionar pesquisas em supercondutividade e a abrir caminho para novas descobertas e aplicações tecnológicas.

Capítulo 5: Materiais Nanoestruturados

5.1 Apresentação dos materiais nanoestruturados e suas propriedades únicas

Os materiais nanoestruturados são materiais que possuem uma estrutura em escala nanométrica, ou seja, suas dimensões estão na faixa de 1 a 100 nanômetros. Esses materiais exibem propriedades únicas e distintas em comparação com seus equivalentes macroscópicos, devido à influência dos efeitos quânticos e à alta relação área-superfície.

Uma das principais propriedades dos materiais nanoestruturados é o aumento significativo da área superficial em relação ao volume. Isso resulta em uma maior reatividade química, permitindo interações mais intensas com outras substâncias e proporcionando uma ampla gama de aplicações em catálise, sensores e dispositivos eletrônicos.

A alta relação área-superfície também leva a propriedades ópticas e magnéticas diferenciadas, que podem ser exploradas em dispositivos fotônicos e armazenamento de dados.

Outra propriedade notável dos materiais nanoestruturados é o chamado "efeito de tamanho quântico". Quando as dimensões de um material são reduzidas para a escala nanométrica, o comportamento dos elétrons e fônons (vibrações atômicas) torna-se fortemente afetado pelas propriedades de confinamento.

Isso resulta em mudanças significativas nas propriedades eletrônicas e térmicas, como o aumento da energia do gap de banda em semicondutores, que pode ser aproveitado em dispositivos eletrônicos de alta eficiência energética.

Além disso, a estrutura nanoestruturada pode promover propriedades mecânicas superiores. Materiais nanoestruturados, como nanofios, nanotubos e nanocompósitos, exibem alta resistência, dureza e tenacidade, tornando-os adequados para aplicações em materiais estruturais leves e resistentes.

Os materiais nanoestruturados também podem ser sintetizados de diversas formas, como deposição física de vapor, síntese química e técnicas de auto-organização, o que permite a criação de uma ampla gama de estruturas e composições. Essa versatilidade de síntese facilita o desenvolvimento de materiais com propriedades sob medida para aplicações específicas.

As aplicações dos materiais nanoestruturados são vastas e abrangem áreas como eletrônica, medicina, energia, meio ambiente e muitas outras. Eles são utilizados em dispositivos eletrônicos de alta performance, como transistores e sensores, em sistemas de entrega de medicamentos, em células solares de próxima geração e em catalisadores para conversão de energia. Esses materiais também têm o potencial de revolucionar setores como armazenamento de energia, tecnologias de informação e diagnóstico médico.

Os materiais nanoestruturados possuem propriedades únicas e distintas devido à sua estrutura em escala nanométrica. Esses materiais oferecem um grande potencial para avanços tecnológicos em diversas áreas, impulsionando a inovação e abrindo novas possibilidades em ciência e engenharia.

5.2 Exploração das nanopartículas, nanofios e filmes

Nos últimos anos, a exploração do mundo microscópico tem se expandido para além das fronteiras convencionais, adentrando um território fascinante e repleto de promessas: a escala nanométrica.

Nesse cenário, as nanopartículas, nanofios e filmes finos emergem como protagonistas, impulsionando avanços significativos na Física da Matéria Condensada e na nanotecnologia.

As nanopartículas são estruturas de dimensões extremamente reduzidas, variando de alguns poucos nanômetros até algumas centenas de nanômetros. Suas propriedades únicas são resultado do tamanho reduzido e da alta relação superfície-volume.

Essas pequenas partículas apresentam propriedades ópticas, magnéticas, elétricas e catalíticas distintas das de seus equivalentes macroscópicos. A possibilidade de controlar a composição química, a forma e o tamanho das nanopartículas abre um universo de aplicações potenciais em diversas áreas, como medicina, eletrônica, energia e catálise.

Os nanofios, por sua vez, são estruturas unidimensionais que possuem um diâmetro na faixa dos nanômetros e um comprimento muito maior em relação a esse diâmetro. Esses fios extremamente finos podem ser compostos por diversos materiais, incluindo metais, semicondutores e óxidos.

Devido à sua alta relação superfície-volume e à confinamento quântico, os nanofios exibem propriedades eletrônicas e ópticas excepcionais. Essas características abrem portas para aplicações em eletrônica de alta velocidade, sensores ultrassensíveis, dispositivos optoeletrônicos e muitas outras áreas.

Os filmes finos são camadas de material depositadas sobre um substrato, com espessuras que variam na faixa dos nanômetros até algumas centenas de nanômetros. Esses filmes podem ser produzidos por técnicas como deposição física de vapor (PVD), deposição química em fase vapor (CVD) e epitaxia por feixe molecular (MBE), entre outras.

Através do controle da espessura e da composição química, é possível modificar e ajustar as propriedades dos filmes finos para atender a requisitos específicos. Eles têm sido amplamente explorados na fabricação de dispositivos eletrônicos, como transistores, células solares, LEDs, bem como em revestimentos protetores e sistemas de armazenamento de dados.

A exploração dessas estruturas em escala nanométrica tem impulsionado inovações e descobertas na ciência dos materiais. A capacidade de manipular e controlar propriedades fundamentais dos materiais em nível atômico e molecular abre um vasto leque de oportunidades para projetar materiais com características sob medida, com aplicações que vão desde eletrônica avançada até medicina personalizada.

No entanto, explorar as nanopartículas, nanofios e filmes finos também apresenta desafios significativos. A caracterização precisa dessas estruturas em escala atômica, a compreensão dos processos de crescimento e a síntese controlada dos materiais são apenas alguns dos aspectos que exigem pesquisas avançadas e técnicas sofisticadas.

Diante desses desafios e oportunidades, a exploração das nanopartículas, nanofios e filmes finos continua a avançar, impulsionada pela curiosidade científica e pelo potencial de aplicações revolucionárias.

À medida que nossa compreensão e habilidades na manipulação dessas estruturas avançam, é emocionante imaginar as conquistas futuras que surgirão desse campo em constante evolução, moldando um futuro repleto de materiais e dispositivos inovadores.

5.3 Discussão sobre aplicações de materiais nanoestruturados em eletrônica, fotônica e medicina

Os avanços na área da nanotecnologia têm aberto novas possibilidades em diversas áreas da ciência e da tecnologia. Entre elas, destaca-se a utilização de materiais nanoestruturados, que apresentam propriedades únicas devido à sua estrutura em escala nanométrica.

Esses materiais têm revolucionado os campos da eletrônica, fotônica e medicina, proporcionando inúmeras aplicações promissoras.

Na eletrônica, a utilização de materiais nanoestruturados tem permitido o desenvolvimento de dispositivos mais compactos, eficientes e poderosos. Os nanomateriais, como os nanofios e as nanopartículas, podem ser incorporados em transistores, circuitos integrados e sistemas de armazenamento de dados. Sua alta condutividade elétrica, propriedades magnéticas e ópticas excepcionais possibilitam a criação de eletrônicos de alta velocidade, sensores ultrassensíveis e dispositivos de memória avançados.

Além disso, a nanoeletrônica também está explorando novas abordagens, como os nanotubos de carbono e o grafeno, que apresentam propriedades únicas e prometem revolucionar a indústria eletrônica.

Na fotônica, a utilização de materiais nanoestruturados tem revolucionado a forma como a luz é manipulada e controlada. Estruturas nanoestruturadas, como os plasmônicos e as metamateriais, permitem a criação de dispositivos ópticos avançados, como guias de onda, filtros ópticos, detectores e moduladores de luz.

A capacidade de manipular a luz em escala nanométrica abre novas possibilidades na área de comunicações ópticas, processamento de dados e sensores ópticos de alta sensibilidade. Além disso, a fotônica nanoestruturada também contribui para o desenvolvimento de painéis solares mais eficientes e sistemas de iluminação avançados.

Na medicina, os materiais nanoestruturados têm tido um impacto significativo, abrindo caminho para novas abordagens no diagnóstico, tratamento e monitoramento de doenças.

Nanopartículas funcionais, como as nanopartículas metálicas e as nanopartículas lipídicas, são utilizadas em técnicas de imagem molecular, como a ressonância magnética e a tomografia por emissão de pósitrons (PET).

Além disso, os nanomateriais têm sido empregados na entrega direcionada de medicamentos, permitindo a liberação controlada de substâncias terapêuticas no local específico de ação.

Também estão sendo desenvolvidos biossensores nanoestruturados para a detecção precoce de doenças, monitoramento de condições médicas e análise de biomarcadores.

Embora as aplicações de materiais nanoestruturados em eletrônica, fotônica e medicina ofereçam inúmeras vantagens e promessas, também é importante considerar os desafios e as questões de segurança associadas a esses materiais.

A interação entre materiais nanoestruturados e organismos vivos ainda está sendo investigada, e é essencial garantir que esses materiais sejam seguros para uso humano.

A utilização de materiais nanoestruturados está revolucionando a eletrônica, a fotônica e a medicina, abrindo novas fronteiras de pesquisa e desenvolvimento.

Esses materiais oferecem propriedades únicas e permitem o desenvolvimento de dispositivos mais eficientes, sistemas ópticos avançados e abordagens inovadoras na medicina.

Com contínuos avanços nesse campo, é emocionante imaginar as futuras conquistas que surgirão, transformando a tecnologia e a saúde de maneiras cada vez mais impactantes.

Capítulo 6: Propriedades Térmicas e Transporte de Calor

6.1 Análise das propriedades térmicas dos materiais, como condutividade térmica e coeficiente de expansão térmica

As propriedades térmicas dos materiais desempenham um papel fundamental em várias aplicações e processos, desde a dissipação de calor em eletrônicos até a expansão e contração de estruturas em resposta a variações de temperatura.

Duas propriedades-chave frequentemente analisadas são a condutividade térmica e o coeficiente de expansão térmica, que fornecem informações cruciais sobre como os materiais respondem às mudanças de temperatura e conduzem o calor.

A condutividade térmica é uma medida da capacidade de um material de conduzir o calor. Ela representa a taxa na qual o calor flui através de um material quando existe uma diferença de temperatura entre suas extremidades.

Materiais com alta condutividade térmica, como metais, são excelentes condutores de calor, permitindo que a energia térmica se propague rapidamente. Por outro lado, materiais com baixa condutividade térmica, como isolantes térmicos, têm uma capacidade limitada de transmitir calor, resultando em menor transferência de energia térmica.

A condutividade térmica depende da estrutura atômica e molecular do material, bem como da presença de impurezas, porosidade e outros fatores.

A compreensão e a análise da condutividade térmica são essenciais para otimizar o desempenho térmico de dispositivos eletrônicos, sistemas de isolamento térmico, sistemas de refrigeração e uma ampla gama de aplicações industriais.

O coeficiente de expansão térmica, por sua vez, mede a taxa na qual um material se expande ou contrai em resposta a mudanças de temperatura. Cada material tem um coeficiente de expansão térmica característico, que determina a magnitude da variação dimensional quando submetido a diferentes temperaturas.

Materiais com coeficiente de expansão térmica elevado experimentam uma expansão significativa quando aquecidos, enquanto materiais com coeficiente de expansão térmica baixo mostram uma variação dimensional mínima.

A análise do coeficiente de expansão térmica é fundamental em projetos e estruturas que estão sujeitos a variações de temperatura, evitando deformações indesejadas e falhas estruturais.

É especialmente importante em materiais compostos, onde a combinação de diferentes coeficientes de expansão térmica pode levar a tensões e deslocamentos significativos. A consideração cuidadosa do coeficiente de expansão térmica é crucial em áreas como a indústria aeroespacial, construção de pontes e infraestruturas, eletrônica de precisão e design de materiais termicamente estáveis.

Para determinar as propriedades térmicas de um material, são utilizadas técnicas experimentais e teóricas. A medição direta da condutividade térmica pode ser realizada por meio de técnicas como a Lei de Fourier, enquanto o coeficiente de expansão térmica pode ser determinado por técnicas como a dilatometria e a interferometria.

A análise das propriedades térmicas dos materiais, incluindo a condutividade térmica e o coeficiente de expansão térmica, desempenha um papel crucial no projeto e na otimização de uma ampla gama de aplicações e processos. Compreender como os materiais respondem às mudanças de temperatura e conduzem o calor é essencial para garantir o desempenho adequado, a estabilidade e a durabilidade de dispositivos, estruturas e sistemas em diversos campos da ciência, da engenharia e da indústria.

6.2 Discussão sobre o transporte de calor em sólidos, líquidos e interfaces

O transporte de calor desempenha um papel fundamental em vários processos naturais e tecnológicos, influenciando desde o funcionamento dos dispositivos eletrônicos até o equilíbrio térmico de sistemas ambientais. Para entender e melhorar o desempenho térmico de materiais e sistemas, é essencial explorar os mecanismos de transporte de calor em sólidos, líquidos e interfaces.

Em sólidos, o transporte de calor é amplamente governado pela condução térmica. A condução ocorre através da transferência de energia térmica devido à interação entre os átomos vizinhos, principalmente por meio de colisões e trocas de energia.

A taxa de condução térmica em sólidos está relacionada às propriedades intrínsecas do material, como a condutividade térmica, que depende da estrutura cristalina, do número de ligações atômicas e da mobilidade dos portadores de calor.

Materiais com alta condutividade térmica, como metais, são bons condutores de calor, enquanto isolantes térmicos têm baixa condutividade térmica. Além disso, em sólidos, a presença de defeitos estruturais, interfaces e gradientes de temperatura pode afetar significativamente o transporte de calor.

Em líquidos, o transporte de calor é mais complexo devido à ausência de uma estrutura cristalina definida. A transferência de calor em líquidos ocorre principalmente por meio da condução e da convecção térmica. A condução térmica em líquidos é influenciada pela mobilidade das moléculas, pela interação molecular e pela viscosidade do líquido.

Já a convecção térmica envolve a transferência de calor por meio do movimento das massas fluidas, criando correntes de convecção que ajudam a distribuir o calor. A convecção térmica é especialmente relevante em líquidos em ebulição ou em circulação, como em sistemas de refrigeração.

Além disso, é importante considerar o transporte de calor nas interfaces entre sólidos e líquidos. Nas interfaces, podem ocorrer fenômenos como transferência de calor por condução, mudanças de fase (como a evaporação ou condensação) e processos de adsorção e dessorção de moléculas. Esses processos afetam a transferência dc calor em sistemas como aquecedores, trocadores de calor e dispositivos de resfriamento.

A compreensão dos mecanismos de transporte de calor em sólidos, líquidos e interfaces é crucial para otimizar o desempenho térmico de dispositivos e sistemas. Na eletrônica, por exemplo, a dissipação eficiente de calor é essencial para prevenir o superaquecimento e garantir a confiabilidade dos componentes eletrônicos.

Em aplicações ambientais, a compreensão do transporte de calor é importante para prever as mudanças climáticas, os fenômenos de aquecimento global e a circulação dos oceanos.

Ao explorar os mecanismos de transporte de calor em sólidos, líquidos e interfaces, os cientistas e engenheiros podem desenvolver materiais mais eficientes em termos de condução térmica, projetar sistemas de resfriamento mais eficazes e melhorar a eficiência energética em várias áreas.

A pesquisa contínua nesse campo é essencial para avançar no desenvolvimento de tecnologias inovadoras e sustentáveis que atendam às demandas crescentes de dissipação de calor e controle térmico.

6.3 Apresentação de aplicações práticas de materiais condutores e isolantes térmicos

A capacidade de controlar o fluxo de calor é essencial em uma ampla gama de aplicações e setores, desde eletrônicos e indústria automotiva até construção civil e energia.

Nesse contexto, os materiais condutores e isolantes térmicos desempenham papéis fundamentais, permitindo o desenvolvimento de soluções eficientes e sustentáveis para o controle térmico.

Os materiais condutores térmicos são utilizados quando há necessidade de transmitir ou dissipar calor de forma eficiente. Metais, como cobre e alumínio, são amplamente empregados devido à sua alta condutividade térmica.

Eles são utilizados em sistemas de refrigeração, radiadores, trocadores de calor, dissipadores de calor em eletrônicos, entre outros. Os materiais condutores térmicos permitem a rápida transferência de calor de uma região para outra, garantindo que o excesso de calor seja removido e o equilíbrio térmico seja mantido.

Isso é essencial para garantir o bom desempenho de dispositivos eletrônicos, prevenir danos por superaquecimento e otimizar a eficiência energética de sistemas de refrigeração.

Por outro lado, os materiais isolantes térmicos são projetados para limitar a transferência de calor, proporcionando proteção contra a dissipação excessiva ou a entrada indesejada de calor.

Esses materiais são fundamentais na indústria da construção civil, onde são aplicados em isolamentos térmicos para reduzir a transferência de calor entre o ambiente interno e externo de edifícios.

Isolantes térmicos como espumas, lãs minerais, polímeros e materiais cerâmicos são amplamente utilizados em paredes, telhados e pisos para melhorar a eficiência energética, reduzir o consumo de energia e proporcionar conforto térmico. Além disso, isolantes térmicos também são aplicados em equipamentos e tubulações industriais para evitar perdas de calor e aumentar a eficiência de processos térmicos.

Existem outras aplicações práticas de materiais condutores e isolantes térmicos em setores como automotivo, aeroespacial, energia renovável e dispositivos médicos. Por exemplo, em veículos automotivos, esses materiais são utilizados para gerenciamento térmico de motores, sistemas de escape e baterias de veículos elétricos.

Em turbinas eólicas, os materiais isolantes térmicos são aplicados para proteger componentes críticos e garantir a eficiência da geração de energia. Em dispositivos médicos, como aparelhos de ressonância magnética, materiais condutores e isolantes térmicos são utilizados para garantir a segurança do paciente e o desempenho adequado do equipamento.

Os materiais condutores e isolantes térmicos desempenham papéis cruciais na otimização do controle térmico em várias aplicações práticas. Eles possibilitam a transferência eficiente de calor em sistemas de refrigeração e dissipação de calor, bem como proporcionam isolamento térmico para proteção contra perdas indesejadas de calor.

A contínua pesquisa e desenvolvimento nesse campo são fundamentais para aprimorar a eficiência energética, reduzir os impactos ambientais e melhorar o conforto e a segurança em diversas áreas da ciência, da indústria e da vida cotidiana.

Capítulo 7: Fases da Matéria e Transições de Fase

7.1 Descrição das diferentes fases da matéria: sólido, líquido e gás.

A matéria, em suas diferentes formas, pode existir em três fases principais: sólido, líquido e gás. Cada uma dessas fases possui características únicas, determinadas pelas forças intermoleculares, energia cinética das partículas e arranjo estrutural das moléculas. Vamos explorar as características de cada uma dessas fases.

Fase Sólida: Na fase sólida, as partículas estão organizadas em um arranjo estrutural rígido e ordenado. As forças intermoleculares são fortes e mantêm as partículas próximas umas das outras, resultando em uma forma e volume definidos. Os sólidos têm uma estrutura cristalina ou amorfa, dependendo da ordem nas posições atômicas ou moleculares. Eles possuem uma forma específica que não muda facilmente e não se deformam facilmente sob pressão. Exemplos comuns de sólidos são metais, pedras, madeira e plásticos sólidos.

Fase Líquida: Na fase líquida, as partículas estão próximas umas das outras, mas não em um arranjo tão rígido quanto nos sólidos. As forças intermoleculares são mais fracas, permitindo que as partículas se movam livremente umas em relação às outras. Os líquidos têm volume definido, mas não uma forma definida, pois se ajustam ao recipiente em que estão contidos. Eles são capazes de fluir e assumir a forma do recipiente. A temperatura de ebulição e a pressão determinam se um material está na fase líquida. A água, o álcool e o petróleo são exemplos de líquidos comuns.

Fase Gasosa: Na fase gasosa, as partículas estão altamente energéticas e têm distâncias significativas entre si. As forças intermoleculares são muito fracas, permitindo que as partículas se movam livremente e se espalhem pelo espaço disponível. Os gases não têm uma forma ou volume definidos, pois preenchem completamente o recipiente em que estão contidos. Eles são altamente compressíveis e podem se expandir ou se contrair facilmente com mudanças na temperatura e pressão. Exemplos de gases são o oxigênio, nitrogênio e dióxido de carbono.

É importante ressaltar que as transições entre as fases podem ocorrer sob condições apropriadas de temperatura e pressão. O processo de fusão transforma um sólido em líquido, enquanto a vaporização converte um líquido em gás. A condensação e a solidificação representam as transições inversas, de gás para líquido e de líquido para sólido, respectivamente.

A compreensão das diferentes fases da matéria é fundamental para a compreensão dos fenômenos físicos e químicos que ocorrem ao nosso redor. A capacidade de controlar e manipular as propriedades das diferentes fases da matéria tem aplicações em diversos campos, desde a engenharia de materiais até a ciência dos alimentos e a indústria farmacêutica. O estudo das fases da matéria é uma parte essencial da física e da química, ajudando-nos a compreender e explorar o comportamento da matéria em seus estados distintos.

7.2 Discussão sobre as transições de fase, como fusão, solidificação e vaporização

As transições de fase são fenômenos físicos que ocorrem quando a matéria passa de uma fase para outra, como da fase sólida para a líquida ou da fase líquida para a gasosa. Essas transições são influenciadas pelas mudanças na temperatura e pressão do sistema, bem como pelas propriedades intermoleculares das substâncias.

Vamos explorar as três principais transições de fase: fusão, solidificação e vaporização.

Fusão: A fusão é a transição de fase em que um sólido se transforma em líquido, geralmente devido ao aumento da temperatura. À medida que a temperatura aumenta, a energia cinética das partículas no sólido aumenta, superando as forças intermoleculares que mantêm o arranjo rígido das partículas. Como resultado, as partículas ganham mobilidade e passam a se mover livremente, transformando o sólido em um líquido. O ponto específico em que a fusão ocorre para uma substância é conhecido como ponto de fusão. É importante destacar que durante o processo de fusão, a temperatura permanece constante até que todo o sólido tenha se convertido em líquido.

Solidificação: A solidificação é a transição inversa da fusão, em que um líquido se transforma em sólido. Esse processo ocorre quando a temperatura diminui, reduzindo a energia cinética das partículas. À medida que a temperatura diminui, as forças intermoleculares se tornam dominantes novamente, e as partículas perdem mobilidade. Elas se organizam em uma estrutura cristalina ou amorfa, formando um sólido. O ponto específico em que a solidificação ocorre é conhecido como ponto de solidificação. Durante a solidificação, assim como durante a fusão, a temperatura permanece constante até que todo o líquido tenha se convertido em sólido.

Vaporização: A vaporização é a transição de fase em que um líquido se transforma em gás, geralmente devido ao aumento da temperatura ou à diminuição da pressão. Existem duas formas principais de vaporização: evaporação e ebulição. A evaporação ocorre na superfície do líquido, à temperatura ambiente, quando as partículas mais energéticas escapam da superfície e se tornam um gás. A ebulição, por outro lado, ocorre em todo o líquido, quando a temperatura atinge um ponto específico chamado ponto de ebulição. Durante a ebulição, bolhas de vapor são formadas no interior do líquido e se elevam para a superfície, levando à rápida vaporização.

As transições de fase desempenham um papel fundamental em diversos processos naturais e tecnológicos. Elas afetam desde o derretimento de gelo até o cozimento de alimentos, a destilação de líquidos, a operação de sistemas de refrigeração e a produção de vapor para geração de energia. Compreender as transições de fase e as condições em que ocorrem é essencial para controlar e otimizar esses processos, além de ser de grande importância na ciência dos materiais e em várias outras áreas da ciência e da engenharia.

7.3 Apresentação de fenômenos relacionados, como o ponto crítico e as transições de fase de segunda ordem

Além das transições de fase comuns, como fusão, solidificação e vaporização, existem fenômenos específicos que ocorrem em sistemas físicos e químicos. Dois desses fenômenos notáveis são o ponto crítico e as transições de fase de segunda ordem. Vamos explorar esses conceitos e sua relevância na compreensão das propriedades da matéria.

Ponto Crítico: O ponto crítico é um estado peculiar em que as diferenças entre as fases líquida e gasosa de uma substância se tornam indistinguíveis. Nesse ponto, a temperatura e a pressão atingem valores críticos específicos, além dos quais a substância não pode existir como líquido ou gás distintos. A distinção entre as fases desaparece e ocorre uma transição suave de uma fase para outra, chamada de transição crítica. Nesse ponto, as propriedades físicas da substância, como densidade, viscosidade e compressibilidade, mostram comportamento singular. O ponto crítico é uma característica única de cada substância e pode ser encontrado em diagramas de fase que representam as condições de temperatura e pressão em que ocorre a transição.

Transições de Fase de Segunda Ordem: As transições de fase de segunda ordem são transições suaves que ocorrem sem uma mudança abrupta na densidade ou na energia interna. Ao contrário das transições de primeira ordem, como a fusão e a ebulição, em que há uma mudança súbita na estrutura e nas propriedades do material, as transições de segunda ordem são caracterizadas por uma continuidade nas propriedades termodinâmicas. Nesses casos, ocorrem mudanças gradativas nas propriedades, como magnetização, condutividade elétrica ou capacidade térmica, conforme a temperatura ou a pressão são variadas. Essas transições não envolvem a formação ou quebra de ligações químicas, mas sim uma reorganização da estrutura ou uma mudança no comportamento coletivo das partículas.

A compreensão do ponto crítico e das transições de fase de segunda ordem é fundamental na física e na química, pois esses fenômenos revelam propriedades fascinantes dos materiais e das substâncias.

Eles são estudados em uma variedade de sistemas, desde líquidos e gases simples até materiais complexos, como supercondutores e materiais magnéticos. O ponto crítico e as transições de segunda ordem também têm aplicações práticas, como na engenharia de materiais, na síntese de novos materiais, na otimização de processos industriais e na compreensão do comportamento de sistemas naturais.

O ponto crítico e as transições de fase de segunda ordem são fenômenos importantes que desempenham um papel crucial na compreensão das propriedades da matéria. Eles expandem nossa compreensão das transições de fase além dos casos comuns, proporcionando uma visão mais profunda dos sistemas físicos e químicos e suas propriedades termodinâmicas.

Capítulo 8: Novos Materiais e Tendências Futuras

8.1 Exploração dos avanços recentes na pesquisa de novos materiais e suas propriedades

A pesquisa de novos materiais e suas propriedades tem sido uma área de destaque na ciência dos materiais, impulsionada por avanços tecnológicos e demandas crescentes por materiais mais avançados e funcionais.

Nos últimos anos, têm ocorrido avanços significativos nesse campo, que prometem revolucionar diversos setores e abrir novas possibilidades em aplicações tecnológicas. Vamos explorar alguns dos avanços recentes na pesquisa de novos materiais.

Materiais Bidimensionais: Uma área promissora na pesquisa de novos materiais é a dos materiais bidimensionais. O grafeno, por exemplo, tem sido objeto de intensa pesquisa devido às suas propriedades únicas, como alta condutividade elétrica e térmica, resistência mecânica excepcional e flexibilidade. No entanto, além do grafeno, outros materiais bidimensionais, como o dissulfeto de molibdênio (MoS2) e o nitreto de boro (BN), têm atraído atenção devido às suas propriedades ópticas, eletrônicas e mecânicas distintas. Esses materiais prometem avanços em eletrônica flexível, fotônica, catálise e muitas outras áreas tecnológicas.

Materiais Multifuncionais: Outro avanço notável na pesquisa de novos materiais é a busca por materiais multifuncionais, capazes de desempenhar várias funções em uma única estrutura. Esses materiais combinam propriedades diferentes em escala nanométrica ou mesoscópica, abrindo caminho para aplicações inovadoras. Por exemplo, materiais que possuem propriedades magnéticas e luminescentes podem ser utilizados em dispositivos de armazenamento de dados e em tecnologias de imagem. Além disso, materiais que exibem simultaneamente propriedades piezoelétricas e ferroelétricas podem ser aplicados em sensores de alta sensibilidade e em dispositivos de conversão de energia.

Materiais Bioinspirados: A natureza tem sido uma fonte de inspiração valiosa para a pesquisa de novos materiais. Os materiais bioinspirados são projetados para imitar estruturas e propriedades encontradas em organismos vivos, visando aprimorar a funcionalidade e a eficiência dos materiais. Por exemplo, pesquisadores têm se inspirado nas propriedades das asas de borboletas para criar superfícies com cores estruturais e propriedades de autolimpeza. Além disso, biomateriais desenvolvidos com base na estrutura do osso têm sido aplicados em engenharia de tecidos e na medicina regenerativa. Esses avanços abrem novas possibilidades para a criação de materiais com propriedades específicas e aplicações inovadoras.

Materiais de Alta Entropia: Recentemente, os materiais de alta entropia têm despertado grande interesse na pesquisa de novos materiais. Esses materiais são compostos por múltiplos elementos químicos em proporções quase equimolares, o que confere propriedades únicas e imprevisíveis. A combinação de diferentes elementos em uma única estrutura pode levar a uma variedade de propriedades mecânicas, ópticas e magnéticas. Os materiais de alta entropia têm mostrado potencial em aplicações como catalisadores, materiais magnéticos e materiais estruturais avançados.

Esses são apenas alguns exemplos dos avanços recentes na pesquisa de novos materiais e suas propriedades. A contínua exploração e desenvolvimento de materiais inovadores têm o potencial de revolucionar setores como eletrônica, energia, saúde, meio ambiente e muitos outros.

A pesquisa de novos materiais desempenha um papel fundamental no avanço tecnológico e na solução de desafios globais, abrindo caminho para um futuro com materiais mais avançados, sustentáveis e funcionais.

8.2 Discussão sobre materiais bidimensionais, materiais topológicos e materiais com comportamento exótico

Nos últimos anos, a descoberta e o estudo de materiais bidimensionais, materiais topológicos e materiais com comportamento exótico têm sido uma área empolgante na ciência dos materiais.

Esses materiais apresentam propriedades únicas e prometem abrir novas fronteiras na eletrônica, na fotônica, na spintrônica e em outras áreas da tecnologia. Vamos discutir cada um desses grupos de materiais e suas características distintivas.

Materiais Bidimensionais: Os materiais bidimensionais são aqueles que possuem uma espessura extremamente fina, com apenas uma ou algumas camadas atômicas. Um exemplo famoso é o grafeno, composto por uma única camada de átomos de carbono organizados em uma estrutura hexagonal. O grafeno é conhecido por sua alta condutividade elétrica e térmica, além de sua resistência mecânica excepcional. Além disso, outros materiais bidimensionais, como o dissulfeto de molibdênio

(MoS2) e o diseleneto de tungstênio (WSe2), têm atraído atenção devido às suas propriedades ópticas, eletrônicas e mecânicas únicas. Esses materiais prometem avanços significativos em dispositivos eletrônicos flexíveis, catalisadores, sensores e muitas outras aplicações.

Materiais Topológicos: Os materiais topológicos são uma classe especial de materiais que exibem propriedades eletrônicas excepcionais e robustas, devido à presença de características topológicas em sua estrutura eletrônica. Em materiais topológicos, os elétrons podem se mover de forma protegida ao longo da superfície do material, sem serem afetados por imperfeições ou impurezas. Esses materiais têm o potencial de revolucionar a eletrônica e a computação, oferecendo maior eficiência, menor dissipação de calor e maior resistência a interferências eletromagnéticas. Exemplos de materiais topológicos incluem isolantes topológicos e supercondutores topológicos.

Materiais com Comportamento Exótico: Os materiais com comportamento exótico são aqueles que exibem propriedades incomuns e não convencionais. Eles desafiam as descrições clássicas da física e apresentam fenômenos quânticos e estados de matéria exóticos. Um exemplo notável é o supercondutor de alta temperatura, que exibe supercondutividade a temperaturas acima do limite previsto pelas teorias tradicionais. Outros exemplos incluem materiais com magnetismo frustrado, que exibem padrões de ordem magnética complexos e incomuns, e materiais com comportamento de isolante de Mott, que são isolantes elétricos mesmo que tenham um número adequado de portadores de carga.

A pesquisa e a exploração desses materiais têm implicações significativas para o avanço da tecnologia e da ciência. Os materiais bidimensionais, os materiais topológicos e os materiais com comportamento exótico oferecem oportunidades para o desenvolvimento de dispositivos eletrônicos mais rápidos, eficientes e poderosos, bem como para a compreensão de fenômenos físicos fundamentais.

Além disso, esses materiais podem levar a avanços em energia renovável, comunicações ópticas, computação quântica e muito mais. A contínua pesquisa e descoberta nesse campo nos proporcionarão uma compreensão mais profunda da matéria e abrirão caminho para tecnologias ainda mais inovadoras no futuro.

8.3 Apresentação de possíveis aplicações futuras e desafios no campo da Física da Matéria Condensada

A Física da Matéria Condensada tem desempenhado um papel crucial no desenvolvimento de tecnologias avançadas e na compreensão dos materiais em escala macroscópica. À medida que continuamos a avançar nesse campo, novas aplicações e desafios emergem, impulsionando a pesquisa e o desenvolvimento de materiais e dispositivos inovadores.

Vamos explorar algumas possíveis aplicações futuras e os desafios que os cientistas enfrentam no campo da Física da Matéria Condensada.

Eletrônica Avançada: A Física da Matéria Condensada desempenha um papel central na eletrônica, e seu impacto continuará a ser significativo no futuro. Novos materiais e dispositivos, como transistores bidimensionais, materiais topológicos e spintrônica, têm o potencial de tornar a eletrônica mais rápida, eficiente e poderosa. No entanto, o desenvolvimento de materiais com propriedades eletrônicas desejadas e a superação dos desafios técnicos para sua fabricação em larga escala são alguns dos principais desafios a serem enfrentados.

Armazenamento de Dados: O armazenamento de dados é outra área em que a Física da Matéria Condensada desempenha um papel crucial. Avanços em materiais magnéticos, como gravação magnética em escala reduzida e materiais de memória não voláteis, têm o potencial de aumentar significativamente a capacidade e a eficiência dos dispositivos de armazenamento de dados. No entanto, o desafio reside em encontrar novos materiais e métodos que permitam um armazenamento mais denso e estável, ao mesmo tempo em que mantêm a acessibilidade e a confiabilidade dos dados.

Energia Renovável: A busca por fontes de energia mais limpas e renováveis é um dos desafios mais prementes da nossa sociedade. A Física da Matéria Condensada desempenha um papel importante no desenvolvimento de materiais para células solares mais eficientes, baterias de alta capacidade, dispositivos de conversão termoelétrica e materiais para armazenamento de energia. No entanto, ainda há desafios a serem enfrentados, como melhorar a estabilidade e a vida útil dos materiais, reduzir custos e aumentar a eficiência de conversão.

Ciência dos Materiais: A compreensão fundamental das propriedades dos materiais é um dos principais pilares da Física da Matéria Condensada. A capacidade de projetar materiais com propriedades específicas e controlar seu comportamento é fundamental para o avanço tecnológico.

Nesse sentido, a modelagem e a simulação computacional desempenham um papel importante, permitindo prever e entender o comportamento dos materiais em nível atômico. No entanto, o desafio persiste em desenvolver modelos cada vez mais precisos e escaláveis, além de integrar a experimentação e a teoria para obter uma compreensão abrangente dos materiais.

Desafios Ambientais: A medida que avançamos, é crucial considerar os desafios ambientais relacionados ao desenvolvimento de novos materiais e tecnologias. É essencial buscar materiais mais sustentáveis, recicláveis e de baixo impacto ambiental. Além disso, a redução do consumo de energia e a eficiência na produção e utilização de materiais também são áreas de foco. A pesquisa na Física da Matéria Condensada deve incorporar essas preocupações ambientais, contribuindo para soluções mais sustentáveis.

À medida que a pesquisa em Física da Matéria Condensada avança, novas aplicações e desafios surgem constantemente. A colaboração entre cientistas, engenheiros e pesquisadores de diferentes disciplinas é fundamental para enfrentar esses desafios e aproveitar o potencial dos materiais condensados para melhorar a tecnologia, o meio ambiente e a qualidade de vida.

Com esforços contínuos, podemos esperar que a Física da Matéria Condensada desempenhe um papel ainda mais significativo em nossa sociedade no futuro.

Capítulo 9: Fases Condensadas mais exóticas

9.1 Superfluido e Condensado de Bose-Einstein

As fases condensadas da matéria são estados físicos que ocorrem em sistemas compostos por um grande número de partículas. Essas fases são caracterizadas por comportamentos coletivos e propriedades macroscópicas que emergem das interações entre as partículas individuais. Duas fases condensadas mais exóticas são o superfluido e o condensado de Bose-Einstein.

O superfluido é um estado peculiar da matéria que ocorre em certos líquidos, como o hélio-4, a temperaturas extremamente baixas, próximas do zero absoluto. Nesse estado, o líquido flui sem qualquer viscosidade, ou seja, sem resistência ao movimento. Isso significa que, uma vez que um superfluido é colocado em rotação, ele continuará girando indefinidamente, sem perdas de energia. Além disso, um superfluido pode subir pelas paredes de um recipiente e fluir através de poros extremamente estreitos, desafiando a gravidade. Essas características únicas tornam o superfluido um dos fenômenos mais fascinantes da física.

O condensado de Bose-Einstein é outro estado exótico da matéria que ocorre em gases atômicos ultrafrios. Foi previsto teoricamente por Satyendra Nath Bose e Albert Einstein na década de 1920, mas só foi observado experimentalmente em 1995.

O condensado de Bose-Einstein ocorre quando um grande número de átomos é resfriado a temperaturas muito próximas do zero absoluto, permitindo que todos ocupem o estado de energia mais baixa possível, formando uma espécie de "superátomo" quântico.

Nesse estado, todos os átomos estão em um estado quântico coerente, o que significa que suas propriedades individuais se fundem e se comportam como um único sistema quântico.

Uma das propriedades mais marcantes do condensado de Bose-Einstein é a interferência quântica. Quando dois condensados de Bose-Einstein são combinados, eles podem se sobrepor e formar um padrão de interferência, semelhante ao que ocorre com as ondas de luz. Essa capacidade de interferência quântica é essencial para aplicações em computação quântica e interferometria de alta precisão.

Além do superfluido e do condensado de Bose-Einstein, existem outras fases condensadas exóticas, como os cristais líquidos, os supercondutores e os condensados fermiônicos. Cada uma dessas fases possui propriedades únicas e desafia nossa compreensão tradicional da matéria.

O estudo das fases condensadas exóticas tem contribuído significativamente para a física moderna, proporcionando insights sobre os fenômenos quânticos e a natureza da matéria em escalas microscópicas.

Além disso, essas fases têm aplicações potenciais em áreas como a tecnologia de sensores, a computação quântica e a nanotecnologia. Conforme a pesquisa avança, é provável que descubramos novas fases condensadas ainda mais surpreendentes e revolucionárias, ampliando nossa compreensão do mundo quântico e suas aplicações práticas.

10. Fases Quânticas de baixas temperaturas

A física de baixas temperaturas é um ramo fascinante que estuda o comportamento da matéria em condições extremas, próximas do zero absoluto. Nesses regimes de temperatura, surgem fenômenos quânticos surpreendentes e novos estados da matéria podem ser observados.

Neste texto, vamos explorar algumas dessas fases: o condensado de Bose-Einstein, o gás de Fermi, o líquido de Fermi, o condensado fermiônico, o líquido de Luttinger, o superfluido e o supersólido.

O condensado de Bose-Einstein ocorre em sistemas compostos por bosons, partículas que seguem o princípio de Pauli, que descreve o comportamento quântico de partículas idênticas.

Quando os bosons são resfriados a temperaturas muito baixas, eles podem entrar em um estado quântico coletivo, onde todos ocupam o estado de energia mais baixa possível. Isso resulta em um comportamento macroscópico coerente, onde todas as partículas se comportam como se estivessem em um único estado quântico.

O exemplo mais famoso desse fenômeno é o condensado de Bose-Einstein de átomos de rubídio resfriados a temperaturas próximas do zero absoluto.

Por outro lado, temos o gás de Fermi, que ocorre em sistemas compostos por fermions, partículas que obedecem o princípio de exclusão de Pauli. Nesse caso, os fermions não podem ocupar o mesmo estado quântico simultaneamente.

À medida que a temperatura diminui, os fermions vão preenchendo os estados de energia disponíveis, começando pelos de menor energia. O gás de Fermi é caracterizado por um preenchimento parcial desses estados, formando o chamado "mar de Fermi". Esse estado é essencial para entender as propriedades eletrônicas dos metais e é crucial para fenômenos como a supercondutividade.

O líquido de Fermi é uma fase que ocorre quando os fermions interagem fortemente entre si, como acontece em certos metais pesados. Nesse estado, os fermions se comportam como partículas independentes, mas suas interações fortes causam um aumento na sua massa efetiva, tornando o transporte de carga elétrica menos eficiente.

Isso leva a fenômenos intrigantes, como a resistência elétrica não metálica, observada em alguns metais no limiar do magnetismo.

Em alguns sistemas de partículas fermiônicas, como os átomos ultrafrios, é possível criar um condensado fermiônico. Nesse estado, os fermions formam pares ligados por interações de atração, mesmo sem obedecerem ao princípio de exclusão de Pauli. Esses pares são conhecidos como pares de Cooper e podem se comportar como bosons compostos. O condensado fermiônico é uma fase quântica fascinante que pode ser estudada experimentalmente em laboratórios.

O líquido de Luttinger é um estado exótico que surge em sistemas unidimensionais com interações fortes entre partículas. Nesse estado, o transporte de carga e energia ocorre de maneira peculiar, com a formação de excitações coletivas chamadas de plasmons.

O líquido de Luttinger é um exemplo de como a dimensionalidade do sistema pode levar a comportamentos quânticos não triviais. O superfluido é um estado que ocorre em líquidos como o hélio-4 a temperaturas próximas do zero absoluto.

Nesse estado, o líquido flui sem atrito, sem nenhuma perda de energia devido à viscosidade. Esse comportamento é possível devido à formação de pares de hélio-4, chamados de pares de Bose-Einstein, que podem fluir sem resistência através do líquido.

O superfluido apresenta propriedades surpreendentes, como a capacidade de subir pelas paredes de um recipiente e a ocorrência de rotação com quantização do momento angular.

Por fim, o supersólido é um estado que combina características do superfluido e do sólido. Foi proposto teoricamente há décadas, mas só recentemente foi observado experimentalmente em átomos ultrafrios de hélio-4.

Nesse estado, parte do hélio-4 se torna superfluido, enquanto outra parte forma uma estrutura cristalina sólida. Essa coexistência de comportamentos contraditórios é um exemplo intrigante de como as fases da matéria podem se entrelaçar em condições extremas.

As fases a baixas temperaturas oferecem um rico campo de estudo da física quântica e da matéria condensada. Desde o condensado de Bose-Einstein e o gás de Fermi até o supersólido, essas fases apresentam fenômenos quânticos e comportamentos macroscópicos surpreendentes, desafiando nossa compreensão da natureza da matéria. O estudo dessas fases não só expande nosso conhecimento fundamental, mas também tem aplicações práticas em áreas como a computação quântica e a física de materiais.

Conclusão

Ao longo deste livro, exploramos os fascinantes fundamentos e aplicações da Física da Matéria Condensada. Começamos com um breve histórico do desenvolvimento do campo, destacando sua importância na compreensão dos materiais e fenômenos naturais. Em seguida, discutimos a exploração de nanopartículas, nanofios e filmes finos, revelando seu potencial em diversas áreas, desde eletrônica até medicina.

Prosseguindo, abordamos as aplicações de materiais nanoestruturados em eletrônica, fotônica e medicina, reconhecendo seu impacto revolucionário nessas áreas e as possibilidades que trazem para dispositivos mais eficientes, diagnósticos médicos avançados e terapias inovadoras.

A análise das propriedades térmicas dos materiais foi outro ponto central do livro, destacando a importância da condutividade térmica e do coeficiente de expansão térmica na caracterização dos materiais e no projeto de sistemas de dissipação de calor.

Em seguida, discutimos o transporte de calor em sólidos, líquidos e interfaces, explorando os mecanismos fundamentais por trás desse processo e suas implicações na eficiência térmica de dispositivos e sistemas.

Outro tópico abordado foi a aplicação prática de materiais condutores e isolantes térmicos, enfatizando seu papel em áreas como eletrônica de potência, isolamento térmico em edificações e proteção térmica em veículos aeroespaciais.

Em seguida, descrevemos as diferentes fases da matéria - sólido, líquido e gás - e suas características distintivas, ressaltando a importância do equilíbrio termodinâmico e das interações entre as partículas em cada fase.

Além disso, exploramos as transições de fase, como fusão, solidificação e vaporização, e discutimos os fenômenos relacionados, como o ponto crítico e as transições de fase de segunda ordem, destacando a complexidade desses processos e seu impacto em diversos sistemas.

Por fim, abordamos os avanços recentes na pesquisa de novos materiais e suas propriedades, ressaltando as conquistas no campo da nanotecnologia, dos materiais topológicos, dos materiais com comportamento exótico e dos materiais de alta entropia. Reconhecemos o potencial desses avanços para transformar a eletrônica, a energia, a medicina e outros setores.

É importante destacar que a Física da Matéria Condensada é um campo dinâmico e em constante evolução. As descobertas e avanços estão em curso, e novos desafios surgem à medida que buscamos soluções mais eficientes, sustentáveis e inovadoras. Portanto, a pesquisa e a exploração contínuas são essenciais para impulsionar ainda mais nosso conhecimento e aplicação dos materiais condensados.

Este livro oferece uma visão abrangente da Física da Matéria Condensada, abordando desde os conceitos fundamentais até as aplicações práticas mais recentes. Esperamos que ele tenha fornecido uma base sólida para a compreensão desse campo empolgante e estimulante, e que inspire os leitores a se envolverem na pesquisa e no desenvolvimento de novos materiais e tecnologias.

Referências

1. Kittel, Charles. Introduction to Solid State Physics. 8th ed. Nova York: Wiley, 2005.
2. Simon, Steven H. The Oxford Solid State Basics. Oxford: Oxford University Press, 2013.
3. Ashcroft, Neil W., and Mermin, N. David. Solid State Physics. Cengage Learning, 1976.
4. Chaikin, P. M., and Lubensky, T. C. Principles of Condensed Matter Physics. Cambridge University Press, 1995.
5. Blundell, Stephen. Magnetism in Condensed Matter. Oxford University Press, 2001.
6. Tinkham, Michael. Introduction to Superconductivity. Dover Publications, 1996.
7. Streetman, Ben G., and Banerjee, Sanjay Kumar. Solid State Electronic Devices. Pearson, 2015.
8. Fox, Mark. Optical Properties of Solids. Oxford University Press, 2001.
9. Blundell, Stephen J., and Blundell, Katherine M. Concepts in Thermal Physics. Oxford University Press, 2010.

10. Manini, Nicola. Introduction to the Physics of Matter: Basic Atomic, Molecular, and Solid-State Physics. Springer, 2015.
11. Edelstein, A. S., and Cammarata, R. C. Nanomaterials: Synthesis, Properties and Applications. CRC Press, 1996.
12. Atkins, P., & de Paula, J. (2010). Physical Chemistry (9th ed.). W. H. Freeman and Company.
13. Chang, R. (2010). Chemistry (10th ed.). McGraw-Hill Education.

www.ingramcontent.com/pod-product-compliance
Ingram Content Group UK Ltd.
Pitfield, Milton Keynes, MK11 3LW, UK
UKHW021955190726
13853UKWH00004B/1560

9 786500 729795